KB147897

제3의 녹색혁명

제3의 녹색혁명

초판 1쇄 펴낸날 | 2020년 6월 30일

지은이 | 이효원
펴낸이 | 류수노
펴낸곳 | (사)한국방송통신대학교출판문화원
　　　　03088 서울특별시 종로구 이화장길 54
　　　　전화　1644-1232
　　　　팩스　02-741-4570
　　　　홈페이지　http://press.knou.ac.kr
　　　　출판등록　1982년 6월 7일 제1-491호

출판위원장 | 이기재
편집 | 마윤희·김수미
본문 디자인 | (주)동국문화
표지 디자인 | 최원혁

ⓒ이효원, 2020

ISBN 978-89-20-00589-3 93520
값 18,000원

■ 잘못 만들어진 책은 바꾸어 드립니다.

■ 이 책의 내용에 대한 무단 복제 및 전재를 금하며 저자와 (사)한국방송통신대학교출판문화원의 허락 없이는
　어떠한 방식으로든 2차적 저작물을 출판하거나 유포할 수 없습니다.

이 도서의 국립중앙도서관 출판예정도서목록(CIP)은 서지정보유통지원시스템 홈페이지(http://seoji.nl.go.kr)와
국가자료종합목록 구축시스템(http://kolis-net.nl.go.kr)에서 이용하실 수 있습니다. (CIP제어번호 : CIP2020025547)

제3의 녹색혁명

이효원 지음

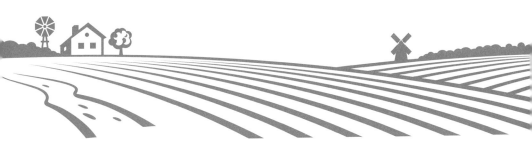

에피스테메
EPISTEME

　　필자가 식량문제에 관심을 갖게 된 것은 1980년대 후반으로 증산과 식량자급이 농업 분야의 중요한 이슈로 부각되면서 동시에 발생된 여러 가지 부작용을 목격하면서부터이다. 화학비료 과용과 가축 분뇨에 의한 하절기의 강과 호수의 녹조, 공장폐수 때문에 생긴 초가을 바다의 적조현상, 제초제 시용으로 노랗게 죽어가는 논두렁의 잡초, 이러한 일의 저변에는 자연의 정복이 인간의 삶을 풍요롭게 한다는 믿음 때문이다.

　　농토배양을 위해 더 이상 풀을 베지 않고 밭에 난 잡초 제거에 땀 흘리는 것은 체력의 낭비라고 생각하며, 가축 사료용으로 쓸 볏짚을 라운드 베일로 만들어 판매하는 것은 당연한 일이라고 믿는 것이 요즘 세태이다. 그새 비닐하우스가 곳곳에 넘쳐나고 농정의 구호도 주곡자급에서 강소농으로 그리고 이제는 첨단농업이니 억대 농부로 진화하게 되었다. 하지만 탄소배출량이 OECD 국가 중 첫 번째고, 1인당 플라스틱 소비량이 거의 100kg이 되는 나라에 살게 되었다.

　　첨단농법을 하면 식량은 무한대로 생산될 수 있다고 믿고 식물공장을 만들면 마스크 생산 공장 생산라인의 마스크처럼 식량도 계속 쏟아져 나올 수 있다고 확신하게 되었다. 그리고 무한 리필 음식점은 사람들로 넘쳐나고 음식을 주제로 한 방송이 나날이 늘어나고 있다.

화제 중 가장 많이 회자되는 것 중 하나는 온난화이며 그것이 화석에너지의 과용에서 비롯됨을 알고는 있으나 고갈이 목전에 다다르고 있다는 것을 실감하지 못한 채 과소비에 몰두하고 있다. 농업 분야에서도 전적으로 석유에 의존하여 식량생산을 극대화하기 위한 모든 노력을 기울이고 있지만 점증하는 인구에 필요한 식량을 현재와 같은 생산방식으로 해결할 수 있을까 하는 의구심을 떨쳐 버릴 수 없다. 이에 필자는 차선책으로 소비자 운동이 필요하며 절제와 합리적인 소비를 통해 식량문제 해결의 실마리를 찾을 수 있지 않을까 하는 생각을 갖게 되었다.

거의 10년 전에 이러한 구상을 했으나 한동안 서랍 속에 묻혀 있었다. 퇴직 후 그 구상을 외화(外化)시키는 작업에 착수, 2년간의 집필기간을 거쳐 '제3의 녹색혁명'이란 제목으로 이 책을 출간하게 되었다. 생산혁명, 유전자혁명을 거쳐 이제는 소비자혁명으로 승화시켜 다가올 식량위기에 대처하자는 것이 이 책의 핵심이다.

이 책이 출간되기까지는 많은 분의 도움을 받았다. 이 자리에서 일일이 열거하기는 힘들지만 특히 신육종기술의 대두와 발전을 전적으로 준비해 준 박수진 박사께 감사를 전한다.

또한 제1 녹색혁명의 국제미작연구소 사진을 제공해 주신 작물과학원 파견 연구관, 멕시코 밀·옥수수 개량센터의 사진을 제공해 주신 박태일 박사, 제3 녹색혁명의 유기농가 포장 사진을 제공해 주신 조전권 박사 덕분에 책이 더욱 풍성해질 수 있었다. 진심으로 감사를 드린다.

글머리에 · 5

**제1의
녹색혁명,
증산혁명**

들어가기   13
1.1. 녹색   15
  1.1.1. 눈에 보이는 녹색   15
  1.1.2. 해석의 진화   17

1.2. 혁명   20
  1.2.1. 어원   20
  1.2.2. 농업혁명   21
    1. 생산방식에 따른 분류   24
    2. 연대에 따른 분류   26
    3. 농업혁명과 근대화   33

1.3. 녹색혁명   36
  1.3.1. 녹색혁명의 태동   36
  1.3.2. 서구의 녹색혁명   39
  1.3.3. 제1의 녹색혁명의 개요   41

1.4. 제1의 녹색혁명과 작물육종   43
  1.4.1. 옥수수   43
  1.4.2. 밀   48
  1.4.3. 벼   52

1.5. 녹색혁명 시 동아시아의 상황   57
  1.5.1. 한국의 녹색혁명   57
  1.5.2. 에너지 섭취 및 곡물생산   60

1.6. 제1의 녹색혁명 효과	61
1.6.1. 멕시코	61
1.6.2. 필리핀에서의 성과	63
1.6.3. 인도와 파키스탄	64
1.6.4. 중국	67
1.6.5. 한국	69
1.7. 제1의 녹색혁명과 경제	72
인용 및 참고 문헌	75

제2의 녹색혁명, 유전자혁명

들어가기	81
2.1. 유전자	83
2.1.1. 고대의 부모 형질유전에 대한 생각	83
2.2. 멘델 전후 유전자 연구	84
2.3. 20세기 전반의 유전물질 탐구	86
2.3.1. 유전물질	86
2.3.2. DNA의 구조	88
2.3.3. 이중나선(double helix)	89
2.4. 유전자, 단백질 설계도	92
2.4.1. DNA의 형질운반	95
2.4.2. 유전자 발현	97
2.4.3. 유전체	99
2.5. 유전자 재조합에 따른 작물개량	101
2.5.1. 유전자 변형에 관한 용어	102
2.5.2. 유전자 변형 농산물의 재배면적	103
2.5.3. 유전자 변형 곡물의 교역 및 국내 재배	107

2.6. 유전자 변형 작물의 탄생   108

  2.6.1. 유전자 재조합 기술의 약사   108

  2.6.2. 유전자 재조합 변형 기술의 발전   110

    1. 유전자 변형 작물 개발의 원리   113

    2. 미생물을 이용한 유전자 재조합   116

    3. 작물 유전자 변형 기술   117

    4. 신육종기술의 대두와 발전   122

2.7. 유전자 변형 농산물에 대한 논쟁   127

  2.7.1. 유전자 변형 농산물에 대한 의식   127

  2.7.2. GMO 찬반 논쟁   129

    1. 소비자 측면   130

    2. 경제적·환경적 측면   138

인용 및 참고 문헌   149

**제3의
녹색혁명,
소비자혁명**

들어가기   155

3.1. 제3의 길을 위하여   157

  3.1.1. 제1의 녹색혁명과 제2의 녹색혁명 비교   159

  3.1.2. 제1의 녹색혁명 및 제2의 녹색혁명의 문제점   165

    1. 환원주의적 비교   165

    2. 외부 투입형 농업   168

3.2. 인구와 식량   182

  3.2.1. 유한한 지구   182

  3.2.2. 미래 인구   186

3.3. 미래의 소요 곡물량   189

  3.3.1. 포만과 기아의 시대   189

  3.3.2. 2050년 세계 곡물 소요량   190

  3.3.3. 곡물증산의 가능성   193

3.3.4. 축산물의 수요예측　　　　　　　194

3.4. 제3의 녹색혁명　　　　　　　195
3.4.1. 남은 경작지　　　　　　　195
3.4.2. 세계 식량안보와 온난화　　　　　　　198
3.4.3. 제3의 선택, 소비자혁명　　　　　　　201
1. 녹색소비　　　　　　　201
2. 윤리적 소비운동 전개　　　　　　　211

3.5. 맺음말　　　　　　　224
3.5.1. 소농의 중요성　　　　　　　224
3.5.2. 남겨진 과제들　　　　　　　228
인용 및 참고 문헌　　　　　　　233

■ 찾아보기　　224[correction]238

제1의 녹색혁명,
증산혁명

들어가기

우리에게 주곡의 자급자족 달성으로 칭송되는 녹색혁명은 그 시작이 미국과 소련의 전후 냉전의 산물이라는 것은 이미 잘 알려져 있으며, 미국의 록펠러 및 포드 재단은 미국 정치이론가와 협력하여 개발도상국의 식량증산을 통한 생활개선이 공산화를 막는 지름길이라는 이론을 내세워 신품종을 개발하고 보급하는 데 앞장섰다. 한편 당사자인 제3세계의 당면과제는 폭발적인 인구증가율에 대처하는 식량조달이 급선무였다.

최초에 미국에서는 옥수수, 멕시코에서는 밀, 동남아시아에서는 벼가 그 중심이었다. 밀과 벼는 초장이 낮아 다량의 화학비료를 사용해도 쓰러지지 않으며, 광합성 산물이 줄기가 아닌 종자로 이동하여 이삭의 비율이 높은 품종개발이 그것이다. 가장 먼저 높은 수량을 올린 것은 옥수수로 잡종강세 이론을 적용한 하이브리드 옥수수가 1940년대 미국에서 개발되었다. 그리고 인접국인 멕시코의 주식이었던 밀의 육종에 박차를 가하여 키가 작고 종실의 비율이 높은 기적의 밀을 개발하여 보급하였다. 후에 인구증가가 현격한 동아시아 지역의 주식인 벼의 육종을 필리핀의 국제미작연구소에서 시작하였다. 그 결과 IR8이라고 하는 기적의 쌀을 육종한 후 곡물생산의 획기적인 증산을 녹색혁명이라 명명하기 시작하였다.

동아시아에서의 녹색혁명은 3단계에 걸쳐 일어났는데 제1단계는 1964~1969년 사이에 일어난 고수량 품종의 개발이며, 제2단계는 1970~1980년 사이에 일어난 병충해 저항성 품종의 육종, 제3단계는 미국에서 개발된 유전자 변형 작물의 기술을 도입한 시기이다. 유전자혁명은 1996년 이후 현재까지 계속되고 있다. 개발도상국에서는 이러한 신품종 육성을 통해 곡물수량 증가를 통한 가정경제의 개선, 지역경제 활성화, 풍부해진 자금을 통한 기계화, 농지정리 등이 가능케 한 긍정적인 효과도 있었으나 반대로 농약 오남용에 따른 환경 및 건강 악화, 대농에게만 혜택이 돌아가 빈익빈 부익부 현상의 심화, 물부족, 화학비료의 과용에 따른 오염 등이 발생하여 지속적으로 생산성을 유지할 수 없다는 비판을 받아왔다.

뿐만 아니라 녹색혁명은 종자, 비료, 농약, 관개가 가능한 지역에서만 가능하여 사하라 이남 지역에서는 녹색혁명의 혜택을 받지 못하였다. 그리하여 녹색혁명의 기수였던 노먼 볼로그가 95세의 나이로 임종을 맞이하던 순간 필요한 것이 없는지 묻는 딸에게 "아프리카, 아프리카, 아프리카에서 내 임무를 완수하지 못했구나"라고 말했다는 일화는 녹색혁명의 한계를 여실히 보여 주는 것이라 할 수 있다.

1961년부터 1991년까지의 세계 식량생산은 2배 이상 증가했고 인구 역시 거의 1.5배 늘어났으나, 경작지 증가는 8%에 불과하며 나머지 92%는 단위면적당 생산량의 증가, 즉 토지생산성의 향상에 따른 것으로 보고되었다. 이는 토지생산성 증대는 한계에 이르렀다는 반증이기도 하다. 제1의 녹색혁명이 시작되었던 필리핀의 사가(Saga) 지역을 조사한 결과 1960년대 후반 신품종 도입으로 재래종보다 수량을 2배 올릴 수 있었고 이를 계기로 1976년에는 전 재배면적의 96%가 고수량 품종을 재배하게 되었다. 그러나 1970년에 비농업 부문의 수입이 10%였던 것이 1980년대에는 40%, 1990년대에는 60%에 이르게 되어 녹색혁명을 통한 수량증수가 더 이상 농촌 지역의 매력적인 혜택이 아님을 알 수 있다.

제1의 녹색혁명에서는 녹색혁명의 기원이 되는 인류의 농업혁명에 대해 알아보고 나아가 제1의 녹색혁명에서 사용되었던 세 가지 작목인 옥수수, 밀, 벼의 육종이 어떤 과정을 거쳐 신품종으로 육성되었고 농가에 보급되었는지에 대해 알아본다. 나아가 이러한 혁명이 이룩한 식량증산의 효과, 이의 반작용은 무엇인지 살펴보고자 한다.

1.1. 녹색

1.1.1. 눈에 보이는 녹색

"태초에 하나님이 천지를 창조하시니라. 땅이 혼돈하고 공허하며 흑암이 깊음 위에 있고 (중략) 하나님이 이르시되 빛이 있으라 하시니 빛이 있었고 (중략)." 〈창세기〉에서 제일 첫 번째 만든 것이 빛이며 이는 빛이 모든 지구 생명체를 유지시키는 데 가장 중요하다는 것을 의미한다. 인간이 색을 판별할 수 있는 것은 빛 때문이다. 빛이 프리즘을 통과하면 7가지 색깔로 분리된다. 보통 우리는 이 빛을 눈으로 볼 수 있다는 의미에서 가시광선이라고 하는데, 인간의 눈이 파악할 수 있는 파장의 범위는 380나노미터에서 780나노미터 사이로 그중 파장이 가장 긴 색이 빨간색이고 가장 짧은 색이 보라색이다. 즉, 하얀빛이 프리즘을 통과하면 파장의 순서대로 스펙트럼이 만들어지는데, 빨주노초파남보의 순서로 보인다. 그중 지금부터 언급하려는 초록색은 파랑과 노랑의 중간색 또는 그런 색의 물감을 뜻하는 말로 초록색, 초록, 녹색 이 모두를 수용할 수 있는 용어이다.

녹색은 546나노미터의 파장을 가지고 있고 7가지 색깔 중 중간에 위치한다. 태양에서 출발한 빛이 식물체에 도달하면 반사, 흡수, 투사의 과정을 거친다. 녹색식물이 녹색으로 보이는 것은 녹색만 반사하여 그 색만 육안으로 감지할 수 있기 때문이다. 미국의 로키산맥에 흐르는 시냇물을 보면 에메랄드빛을 띠는데, 이것은 물속에 석회 성분이 많아 그것이 반사되어 눈의 망각에 에메랄드빛으로 투영되기 때문이다. 식물의 잎에 태양광이 부딪치면 잎은 파란색과 빨간색 빛을 흡수하고 노란색 및 녹색은 반사 또는 투과시킨다. 우리 눈이 이 반사된 노란색 또는 녹색 빛을 감지하기 때문에 식물이 녹색으로 보이는 것이다.

식물의 녹색은 산업화와 도시화의 상징적 색채인 회색과 대비되는 것이며, 자연에로의 회복을 나타내거나 삶의 질을 높이는 녹색친화력(green amenity)의 의미와 환경오염과 대비되어 순수한 혹은 깨끗한 의미를 지니며, 심리적 안정감을 맛볼 수 있고 감성의 순화 및 안정을 느낄 수 있다. 성인 남녀 25명(남자 14, 여자 11명)을 대상으로 뇌전산화 뇌파와 적외선 DITI를 사용하여 각기 다른 시각적 자극을 주었을 때 대뇌활성도, 안면부 온도, 심리적 반응을 조사하여 각 색깔이 대상자에게 어떤 반응을 미치는가에 대해 연구한 결과가 있다. 즉, 신문지, 적색, 노란색, 청색, 녹색, 녹색식물, 식물 사진을 보여 준 후 실험한 결과 대조군에 비하여 녹색, 식물 사진, 녹색식물이 뇌의 전 구역에 걸쳐 안정되고 이완된 상태의 대뇌활성도의 향상을 보여 준 것으로 나타났다. 특히 식물 사진에 비하여 녹색식물의 자극이 뇌의 활성도 향상에 더 큰 영향을 미친 것으로 나타났다. 녹색과 연관된 반응, 특히 녹색식물과 식물 사진 등의 자극이 안정감, 행복감 그리고 뇌손상 환자에서 나타날 수 있는 판단능력의 장애를 호전시킬 수 있는 자극으로 작용했다고 한다(이종섭·손기철, 1999). 뿐만 아니라 녹색 자극은 뇌의 활성도를 높임과 동시에 안정도를 높여 주고 체온을 낮추며, 녹색식물이 안정화 경향을 강화시키기 때문에 피부온도도 낮아졌다고 한다(손기철·이종섭, 1998).

1.1.2. 해석의 진화

파라다이스 혹은 낙원의 사전적 풀이는 걱정이나 근심 없이 행복을 누릴 수 있는 장소로 기술되어 있으나 세속적으로는 녹색 숲, 강물, 미녀, 술 등으로 묘사되어 있다. 낙원의 핵심적인 요소는 녹색식물, 풍요로운 대지, 아름다운 경치, 편안함, 부족한 것이 없는 곳 등이다. 그 중 맨처음 거론되는 것이 녹색 숲이다. 물질이 아닌 환경으로 녹색은 식물이나 풍요로운 대지를 떠올리게 하며, 식량이 되는 곡물과 산림자원을 가리키는 경우도 많고, 아프리카와 아메리카의 국기 속에 들어 있는 녹색은 대부분 이런 식물을 의미하며, 이탈리아, 불가리아, 벨로루시, 리투아니아 국기 속의 녹색은 곡물을 상징한다고 한다. 또한 녹색은 성실, 희망, 항해자를 의미하기도 하며, 멕시코 국기는 녹색 바탕인데 이는 희망 그리고 국가의 독립을 나타내고, 아일랜드 국기의 녹색은 가톨릭과 켈트족을 나타낸다. 이슬람 경전인 《코란》에서는 낙원의 녹색이 얼마나 기분 좋게 만드는지를 다음과 같이 설명하고 있다(21세기연구회, 2004).

선행에 힘쓰는 자는 보상을 받는다는 사실을 믿지 않으면 안 된다. 그들은 발밑으로 개울이 잔잔하게 흐르고 에덴의 낙원에 가면 몸을 장식하는 황금 팔찌를 두르고 금실로 수놓은 비단옷을 입은 채 침대에 느긋하게 몸을 맡긴다. 이곳은 진실로 더할 나위 없는 포상이자 훌륭한 휴식처가 되리라.

녹색에 대한 《코란》의 해석을 토대로 마호메트 이후의 이슬람 지도자인 칼리프 알리는 녹색 외투를 입었다고 하며, 마호메트의 먼 후대 직계 손자인 샤리프도 머리에 녹색 터번을 둘렀다고 한다. 이러한 영향으로 사우디아라비아의 메카와 모스크를 비롯해

구분	상징과 의미
이미지	식물, 풍요로운 대지 또는 생명
낙원	녹음, 향기로운 샘물, 미녀, 술
이슬람 세계	녹색 외투(칼리프 알리), 녹색 터번, 녹색 지붕(모스크), 녹색기(아랍연맹기)
국가별 의미	곡물(이탈리아, 불가리아, 벨로루시, 리투아니아), 성실·희망(포르투갈), 희망·독립(멕시코), 가톨릭과 켈트족(아일랜드)

출처: 21세기연구회, 2004.

세계 곳곳의 모스크 지붕은 녹색으로 채색되었으며, 이슬람 각국의 국기, 이슬람 국가들의 연합기, 아랍연맹의 연맹기에 녹색을 채택한 것 모두 이슬람의 역사에서 기인한다(21세기연구회, 2004).

이렇게 종교적인 의미로 출발한 녹색의 개념이 1970년대 들어서 환경오염, 생태계 파괴, 자원의 고갈 등의 문제가 대두되자 지속가능한 지구에 대한 관심이 높아져 녹색의 의미는 차츰 생활의 전 분야로 파급되었다. 녹색 건물, 녹색 생활, 녹색 구매, 녹색 사용, 녹색 폐기에 이르기까지 사회 전 분야로 확산되었다. 원래 녹색은 지속과 생태가 혼합된 의미로 쓰이면서 물리적인 의미의 녹색이 변환된 것처럼 녹색에 대한 생각도 진화를 거듭하여 오늘에 이르렀다.

1.2.1. 어원

어원적 의미의 혁명(revolution)은 라틴어의 차륜이 완전히 한 바퀴를 돈다는 뜻으로 천체의 회전과 같이 일정불변한 반복적인 동작의 규칙적인 순환이라는 의미였는데, 이것이 정치 분야에 도입되면서 왕실의 흥망을 뜻하는 의미로 전용되었다. 이러한 의미는 다시 사회조직의 급격한 변화를 의미하는 뜻으로 사용되기도 하였으며, 정권의 흥망을 야기한 폭력에 의한 변화로 원래의 의도와는 다른 의미로 진화하였다.

혁명과 관련된 다른 용어로는 개혁(reform)이 있는데 이는 점진적 변화를 의미하며, 유사한 용어로는 혁신이라는 단어가 있으며, 역사적으로 볼 때 루스벨트가 주장했다고 하며, 비폭력적으로 기존 질서를 수정하는 것으로 톱다운 방식으로 진행되었다는 점이 혁명과는 다른 점이다(한용희, 1985).

혁명 중 일반인들에게 가장 확실하게 각인된 것은 산업혁명이다. 이 혁명은 변화의 폭이 크고 그 영향이 지대하여 인류문명의 발전에 크게 기여하였다. 혁명은 역사 속의 여러 혁명, 즉 프랑스혁명이나 러시아혁명과 같은 정치적인 혁명도 있지만, 기술적 및 과학적 발전을 통해 사회·경제적 변화를 불러온 혁명도 있다. 농업혁명 역시 새로운 지식을 사람들에게 접목시켜 생산량을 증대시켜 생활을 향상시키고 나아가 문화발전에 기여하였다. 변혁의 주체가 되어 인류의 생활을 변화시키는 데 일조하였으므로 이 또한 혁명이라고 부를 만하다.

농업혁명은 과학혁명에 속하며 이는 일상생활에 장기적 영향을 미치는 데 비해 민생에 급격하고 역동적으로 영향을 준 정치혁명이나 종교혁명과는 다른 의미를 갖는다. 산업혁명은 과학혁명의 결과며 이는 추상적에서 이성적으로, 질적인 것이 아닌 양적인 것을, 인문적이 아닌 기계적 철학관을, 귀납법이 아닌 연역법을, 왜보다는 어떻게를 우선으로 하는 것이다(박종범, 2016).

농업혁명이란 용어는 1947년 이란과 이라크 발굴조사에 참여하고 이것을 바탕으로 1960년 브라이드우드(R. J. Braidwood)가 과학지 《사이언티픽 아메리칸(Scientific American)》에 농업혁명이란 용어를 사용한 것이 그 계기가 되었다(최몽룡, 1977). 즉, 기원전 4000년의 메소포타미아 생활은 그 이전 25만 년 전보다 획기적으로 변화하게 되었다. 그 이전의 인류는 대부분 끼니를 때우기 위해 대부분의 시간을 산야를 방황하다가 덩치 큰 동물을 사냥하여 몇 끼를 해결하였다. 그러다가 식물을 재배하고 동물을 가축화한 후부터는 채집이나 사냥을 하는 대신 수확된 식량을 저장하게 되어 생활에 획기적인 변화를 가져왔는데, 이를 농업혁명이라 불렀다.

1.2.2. 농업혁명

농업혁명(agricultural revolution)은 여러 가지 방법으로 분류할

>>표 1.2. 농업혁명의 분류 및 특징

혁명 분류 연대	1차	2차	3차	4차
연대, 지역	1만 년 전, 중국, 이집트	1650~1800년대, 영국, 북유럽	1960~1990, 동남아시아, 남아메리카	1990~현재, 전 세계
원인	작물 재배 (농기구 발견)	산업혁명	품종개량 +비료 등	생명과학기술, 정밀농업
농업방식	정착농업	경지확대	집약화	GMO 작물
생활양식	안정적인 삶	인구 증가, 도시화	빈농 도시 이주	소비자 우선

출처: 권용대, 2017.

수 있는데 일반적으로는 생산방식과 연대에 따라 분류한다. 최양부(2010)는 농업 역사상 농업혁명이 4차례에 걸쳐 이루어졌다고 보았고, 권용대(2017)에 따르면 농업혁명은 네 번에 걸쳐 일어났는데 1차는 기원전에, 2차는 중세에, 3차는 1960년과 1990년 사이에, 그후에 이루어진 농업의 혁신과 변화를 4차 농업혁명으로 보았다(표 1.2.).

근대적 의미의 농업혁명은 영국에서 일어난 것으로 1550~1650년, 1650~1750년, 1750~1850년의 세 시기에 걸쳐 발생하였다. 당시의 쟁점은 인구부양을 가능케 한 곡물증산과 수출이었다. 즉, 1550~1750년 사이에 300만 명에서 600만 명으로 두 배 증가한 인구를 영국 국내의 식량으로 조달하였으며, 그 후 1701~1801년 사이에 추가적으로 증가한 650만 명의 인구를 부양하기 위한 식량증산의 필요성이 대두되었다. 이 두 시기 중 어느 시대가 더 혁명적인가는 학자에 따라 견해가 다르다. 그러나 연구자들이 제시하는 생산성 증가에 영향을 미친 주요한 요인은 윤환농법 (convertible husbandry), 대농장의 형성과 인클로저(enclosure), 사료작물의 도입이다. 즉, 순무와 토끼풀을 도입하여 토양비옥도를 높이고, 이렇게 하여 증진된 토양양분은 사료작물 생산량의 증수를 가져올 수 있었다. 가축수의 증가가 토지 및 노동 생산성을 높인 결과 식량 생산량이 약 2배로 급증하여 인구증가에 대응할 수 있었다(김호언, 1997).

당시 농업은 화학비료를 사용하기 전으로 순무와 토끼풀을 도입한 노포크식 작부체계 개발로 토지의 생산성을 높일 수 있었다. 이때 생산량 증가의 3분의 1은 토지생산성 증가, 3분의 2는 농지 면적의 확대에 따른 것으로 보고 있다. 이러한 농업혁명은 제도적 변화와 함께 사료작물을 도입, 생산성을 높여서 가축의 사육두수를 증가시켜 토양비옥도 증진이 가능하도록 하였다. 당시의 농업혁명으로 식량, 공업원료, 자본 및 노력 등 여러 요소를 시장에 공급함으로써 초기 공업화에 중요한 역할을 담당하였다. 그리고 농업혁명은 영국, 프랑스, 일본 등에서 이루어졌는데, 첫째 농업의 발전으로 식량 및 원료 공급을 통해 산업혁명에 기여하였고, 둘째 농업자본 축적이 시작되었으며, 셋째 농업생산성 향상을 통해서 적은 노동력으로 많은 인구를 부양할 수 있도록 하여 비농업인구의 도시 유입이 가능하도록 하였다. 그리고 마지막으로 이러한 농업혁명을 통한 소득증대는 공산품에 대한 수요 증대요인이 되어 공업발전의 초석이 되었다(金宗炫, 1991).

| 1 | 생산방식에 따른 분류

인류의 출현 이후 농산물 생산의 목적과 방식에 따라 농업혁명이 4단계를 거쳐 오늘에 이르렀다는 주장도 있다(최양부, 2010). 이에 따르면 1차 농업혁명을 신석기 이후 18세기 전까지, 2차 농업혁명을 콜럼버스의 신대륙 발견 이후, 3차 농업혁명을 18세기 산업혁명에서 촉발된 무기농업혁명, 마지막 4차 농업혁명을 생태친화적 농업혁명으로 보았다.

1차 농업혁명 당시의 생활상은 공동체를 형성하여 수렵과 야생식물의 채취를 통하여 식료를 조달하였고, 기원전 8,500년에는 야생동식물의 작물화 및 가축화가 이루어졌다. 작물화 및 가축화는 오늘날의 중동 지역인 터키, 시리아, 요르단, 이라크에 걸친 이른바 비옥한 초승달 지역에서 이루어졌는데, 최초로 작물화된 것

>> 표 1.3. 농업혁명의 분류

혁명의 분류	특징	연대	목적	방식
1차	신석기 농업혁명	10,000년 전	생계농업	자연의존적
2차	콜럼버스 농업혁명	1492년 이후	상업농업	시장지향적
3차	무기 농업혁명	1850년 이후	산업농업	수출지향적 (화학비료 의존)
4차	생태친화적 농업혁명	1962년 이후	환경보전농업	친환경적

출처: 최양부, 2010.

은 야생밀, 완두콩, 아마 등 8종이고, 가축화된 동물은 개(기원전 10000년 중국)를 비롯한 염소와 양이며 이후 돼지가 가축화 대열에 합류하였다.

그 후 벼, 기장, 해바라기를 재배하기 시작하였고, 기원전 1000~기원전 500년에는 오곡이라는 용어가 사용되었다고 전해진다. 신대륙은 독자적인 작물화 및 가축화가 진행되었으며, 옥수수와 감자는 콜럼버스 신대륙 발견 이후 유럽으로 전파되었다. 이러한 작물화나 가축화를 통해 식량생산이 안정화되면서 인구증가가 가능하여 1차 농업혁명의 원동력이 되었다.

2차 농업혁명은 콜럼버스의 신대륙 발견을 통해 이른바 콜럼버스 교환이 이루어지면서 시작된 또 다른 농업혁명이다. 즉, 북아메리카에서 재배되던 옥수수, 대두, 호박, 감자, 토마토, 고추 등이 유럽에 도입되거나 농산물이 유럽으로 유입되어 물질적으로 풍부해졌고, 개량된 작물과 가축이 신대륙에 소개되어 대규모 식량생산이 가능해졌던 것이다. 이것은 농업의 세계화를 촉진하는 계기가 되었으며 세계가 대서양 경제권으로 재편되는 데 크게 기여하였다. 즉, 이른바 대규모 농장농업이 시작되어 가족 중심에서 벗어나 지주, 관리자, 노동자(노예)로 구성된 규모화된 농장으로 변하였고, 지급자족의 경제를 벗어나 시장경제로 변모시켜 2차 농업혁명이 대두하게 되었다. 사탕수수, 커피, 코코아, 담배, 옥수수, 밀이 대규모로 재배되어 유럽과 세계에 수출하는 수출농업의 효시가 된 시기이기도 하다.

3차 농업혁명의 가장 큰 특징은 자급자족 농업을 벗어나 본격적인 수출지향형 농업시대로 들어선 것이다. 이 시기에 농업발전의 계기가 된 이론은 리비히의 《유기화학의 농업 및 생리학에 대한 응용》의 출판이며 이 책에는 최소 양분율 이론을 제창하여, 농업과학화의 근거를 마련하였다. 천연비료인 구아노를 남아메리카에서 수입하여 시용하면서 수량을 배가시켰고, 이후 과인산석회의 발명, 질소를 인공적으로 합성하는 방법 등이 개발되어 근대농업의 효시가 되었다. 이를 통하여 식량생산을 획기적으로 증대시켰다.

4차 농업혁명은 생태농업시대의 시작이며, 이는 레이첼 칼슨의 《침묵의 봄》이 기폭제가 되었다. 레이첼 칼슨은 이 책을 통하여 농약과 화학물질의 위험성을 경고하였으며 인간이 자연정복과 생산성 증대를 위해 사용한 여러 화학물질이 인류생존에 지대한 영향을 가져온다는 것을 설득력 있게 설파하였다. 이후 환경보전형 농업의 필요성이 대두되었다. 유엔환경선언, 세계유기농업연맹의 창설과 리우선언의 채택을 촉발하는 계기를 통하여 환경에 대한 세계인의 관심이 표면화되기 시작하였다.

| 2 | 연대에 따른 분류

신석기 농업혁명은 12,000년 전으로 거슬러 올라가며 이때부터 채취나 수렵에서 벗어나 작물을 재배하고 야생동물을 가축화하여 이용하기 시작하였다. 여러 농기구(칼, 도끼, 절구) 등을 사용하여 농작물을 수확하거나 가공에 이용하였고, 테오신트(teosinte)

구분 \ 항목	시기	방법	장소	결과
신석기 농업혁명	12,000년 전	작물재배 및 가축화 시작	시리아-팔레스타인, 중국, 멕시코, 뉴기니아	도구 이용, 동식물 개량
고대 농업혁명	4,500년 전	휴한, 화전농법, 축력 이용 (노새, 당나귀)	중동 지방, 유럽 온대	지력회복에 의한 생산량 증대
중세 농업혁명	1,000년 전	휴한, 축력 이용	북유럽	근세경제로 넘어오는 경계
1차 근대 농업혁명	16~18세기 중반	휴한 없는 윤환 농업 도입(노포크식)	북유럽	생산량 배가, 시장 판매 농산물 증가(인구 증가 대응)
2차 근대 농업혁명	19세기 후반 ~20세기 초 중반	신 운송 수단, 동력 이용, 화학화	유럽, 미국	수량 10배 증가/농부 1인당 조농업생산성 100배 증가

출처: Marcel and Roudarf, 2006.

와 같은 야생 옥수수를 개량하여 이용하였다. 이 시기 농업혁명의 발상지는 크게 여섯 곳으로 나누어지며, 동쪽의 시리아-팔레스타인 지역에서 시작하여 중앙아메리카 지역의 멕시코, 중국의 양쯔강 유역, 뉴기니아 지역, 남아메리카와 북아메리카의 미시시피강 유역에서 시작되었다. 이때 동식물의 사육과 재배를 통하여 더 많은 농작물을 생산할 수 있었고 그 결과 부족사회가 더 안정되어 인구증가에 기여하였다.

한편 고대 농업혁명은 4,500년 전에 일어난 것으로 유목생활에서 벗어나 정착한 사람들이 농토로 삼았던 경지의 지력이 쇠퇴하자 휴한과 화전농업을 시작한 시기이다. 이들의 휴한은 1년, 2년 또는 5년 동안 농사를 짓지 않는 방법을 채택하였으며, 이러한 방식은 청동기 시대에 시작하여 계속 발전한 것으로 지력회복에 따른 생산량의 증가로 늘어나는 식구를 부양할 수 있었다. 괭이를 사용하였으며 경작이나 운반에 노새나 당나귀 같은 가축을 이용하였다. 이러한 휴한 방식은 북아메리카에서 스칸디나비아 반도 및 대서양에서 우랄 지역, 중동 지방에까지 널리 확산되었다. 이때 가축으로부터 생산되는 분뇨는 토양의 비옥도를 높이는 데 사용되었다.

중세 농업혁명은 1,000년 전에 시작되었으며 곡물생산과 가축사육이 중심이 되는 농업으로의 전환이었고, 북유럽에서 인구가 증가하여 식량증산에 대한 압박이 심하였으며, 괭이를 사용한 영농방식으로는 충분한 식량을 생산할 수 없었고 특히 13세기 이후 인구가 빠르게 늘어 산림 및 생태계를 파괴하기 시작하였다. 이 시대의 농업은 지방경제를 근대경제로 이행하는 계기가 되었다.

1차 근대 농업혁명은 16세기에서 18세기 중반까지 이루어진 것으로 휴한이 없는 다양한 윤환농업 방식이 개발된 것이 특징이다. 과거에는 휴한하던 경작지에서 라이그라스, 순무, 두과목초, 근채류를 재배하였고, 여기에서 생산된 사료작물을 기반으로 가축의 수를 늘릴 수 있었다. 또한 늘어난 가축 사양을 위해 목초종자를 파종하였다. 이것은 1794년 영국 국가대표자회의에서 작성한 선언에 잘 나타나 있다.

무비료, 무수확, 무가축은 즉각적인 충격을 야기하며, 파종하지 않은 목초지와 무가축, 휴한하지 않거나, 목초종자를 파종하지 않은 초지가 있어서는 안 된다. 농업은 이 모든 것이 서로 연결되어 있으며 그러므로 농업생태계는 총체적으로 보아야 한다.

이 시기에 휴한 대신 채택된 것이 노포크식과 같은 윤작체계의 도입이다. 이러한 1차 근대 농업혁명의 결과 식량생산은 배가되었고 노동생산성은 높아졌으며 더 많이 생산된 식량은 팽창하는 인구의 식량과 시장의 활성화로 이어져 지방발전의 기회가 되었다. 새로운 윤작체계를 따르면 연간 3회의 건초수확과 파종, 제초, 곡물수확 그리고 늘어난 가축 관리 등 많은 노동력이 필요하였다. 결과적으로 생산량이 증가되고 시장판매량 또한 많아졌으며 산업혁명에 필요한 식량조달이 가능해졌다.

2차 근대 농업혁명은 19세기 후반에 일어난 것으로 증기기관을 이용한 배나 기관차의 발명과 함께 쟁기, 파종기, 수확기, 결속기 등의 사용과 관련이 깊다. 작물이나 가축의 신품종 육성과 각종 농기계를 도입하여 농가가 이익을 창출할 수 있었다. 이때부터 다품목 재배 대신에 단일 품목을 특성화하여 이른바 특화농업시대로 접어들게 되었는데, 이는 농업이 자급자족이 아닌 판매를 위한 상업농으로 전환되는 계기가 되었다. 이 시기의 농업혁명을 기계혁명, 화학혁명, 교잡종혁명으로 보는 이도 있는데, 특히 기계화로 전체 인구의 5% 미만만 농업에 종사하게 되었으며 19세기에 선진국에서 시작된 이 혁명은 제2차 세계대전 이후에 개도국으로 빠르게 전파되었다. 경우에 따라 자가 노동 대신 고용노동력을 이용하였으나 농기계의 발달로 고용노동을 기계로 대체하기 시작하였다. 19세기에 유럽에서 사용하였던 화학비료는 제2차 세계대전 이후 폭발적으로 증가했다. 1900년 화학비료 사용량이 400만 톤 정도였던 것이 1950년에는 1700만 톤, 1980년에는 1800만 톤으로 급증하였다. 그리고 1950년에 ha(헥타르)당 3톤의 곡물생산을 위해 100kg의 화학비료를 시용하였으나, 오늘날에는 200kg의 화학비료를 사용하여 10톤의 양곡을 생산하고 있다.

〈그림 1.1.〉에는 밀생산량 변화가 잘 나타나 있다. 1900년에는 ha당 1,000kg의 수량을 나타내던 것이 화학비료가 본격적으로 보급되기 시작하기 전인 1940년까지 생산량이 거의 같다가 제2차

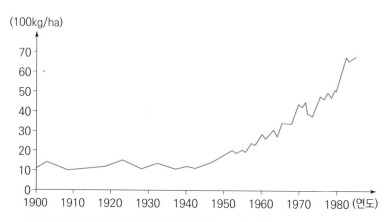

≫그림 1.1. 프랑스에서 1900년대부터 1980년대까지의 밀생산량 변화

출처: Marcel and Roudarf, 2006.

세계대전 이후 화학비료를 사용하면서 1950년 이후 수량이 배가 되었고, 그 후 1960년대와 1970년대에 걸쳐 개량품종의 보급과 농약 사용 등이 급격히 증가하여 오늘날에는 1900년에 비해 생산량이 7배나 늘었다.

한편 제2차 근대 농업혁명 과정을 통하여 작물의 육종이 이루어졌는데, 그 경향은 〈그림 1.2.〉에서 보는 바와 같다. 토양에서 흡수된 영양분이 줄기보다 종실로 더 많이 이동되도록 육종하여 1920년대에는 지상생체의 35%가 곡물에 저장되었는데, 1990년에는 50%로 높아졌다. 이렇게 종실의 비중이 증대되면서 종실무게 때문에 수확 전에 쓰러지는 도복이 문제가 되었다. 이를 방지하는 방법으로 키가 큰 장간형 밀을 키가 작은 단간형 밀로 육종하여 초장이 낮아졌다. 〈그림 1.2.〉에서 보는 바와 같이 1900년대에는 초장이 120cm였는데, 1983년에는 75cm로 작아졌다.

농업도 특화되어 일정 지역에서 특정 농산품이 생산되는 방식

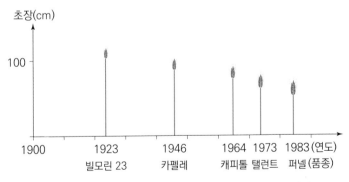

>>그림 1.2. 1900년 이후 품종선발을 통한 밀 초장의 변화

출처: Marcel and Roudarf, 2006.

으로 전환되어, 곡물 생산지, 포도주 생산지, 가축 사육지대 등 주 농산물 생산단지로 변모하였으며 이로 인하여 생산성이 높아져 농산물 가격이 하락세를 유지하게 되었다(그림 1.3.).

〈그림 1.3.〉은 1850년에서 1985년 사이의 밀 가격변동을 나타내고 있는데 120년 전에 비하여 약 1/3 가격으로 하락한 것을 알 수 있다. 물론 달러는 불변가격으로 표시한 것이다. 조사된 135년 사이에는 가격이 급등하거나 크게 하락하는 등의 변동이 있었는데, 이는 생태적(병충해 등) 및 정치적(전쟁) 등의 요인 때문이었다. 돼지 가격도 3년마다 한 번씩 변동이 있어 이를 돼지가격파동(pig cicle)이라고 하는데 밀의 가격도 이러한 현상이 있음을 알 수 있다.

농업혁명에 의해서 노동생산성도 크게 향상되어 인력에 의존하던 때보다 10배 이상 상승하였으며, 인력으로 할 때는 1인당

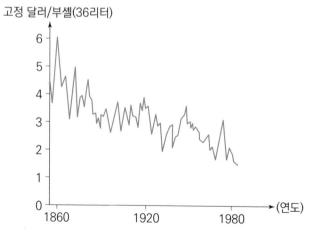

>> 그림 1.3. 1850년부터 1985년까지 미국 밀 실질가격의 변화

출처: Marcel and Roudarf, 2006.

1ha 정도 경작할 수 있었는데, 현재는 100ha 이상으로 늘었으며, 1인 생산량도 10,000kg 이상 되어 무화학비료 시대보다 100배나 더 많이 생산하게 되었다.

가축의 육종과 작물의 개량에 따라 곡물의 수량이 많아지고 질이 향상됨에 따라 가축의 생산성도 크게 높아졌다. 즉, 19세기 초 젖소는 건초를 하루에 15kg을 섭취하고 연간 2,000kg의 젖을 생산하였다. 그러나 오늘날에는 건초 5kg과 농후사료 15kg을 섭취하고 연간 10,000kg의 젖을 생산한다. 착유 또한 손착유에서 기계착유로 전환되었고 이에 따라 유두가 작거나 큰 것 또는 길거나 짧은 것은 착유기에 잘 적응할 수 없어 유두가 고르게 육종되어 기계착유에 적합한 품종으로 변모되었다.

|3| 농업혁명과 근대화

제3세계의 농업혁명은 1960년대와 1990년대에 동남아시아, 남아메리카 등지에서 일어난 생산량 증수 혁명이었으며, 이때 품종개발과 더불어 화학비료 사용, 농약살포, 관개 및 기계화에 따른 규모화를 통해 수량을 획기적으로 높였다. 가족농업에서 규모화, 공장식 농업으로 탈바꿈하여, 잉여 노동자와 빈농의 가족들은 농업을 포기하고 도시로 이주하여 값싼 노동력을 제공하기도 하였으나 한편으로는 도시 빈민이 발생하여 사회적 문제가 대두되었다.

농업 분야의 혁명과 혁신에서 가장 두드러진 것은 1990년부터 현재까지 추진되고 있는 유전자혁명이다. 이 시기에 유전공학이

라는 이름으로 작출된 이른바 유전자 변형 농산물(GMO)이 출현
했다. 이 시기에 제초제 저항성, 기능성 농작물이 출현하기 시작
했고, 이를 제2의 녹색혁명으로 명명하기도 하였다. 그리고 오늘
날에는 4차 농업혁명이라 부르는 새로운 농업이 태동하여 ① 생
산이 아닌 시장이 농업방식을 주도하고 있으며, ② IT와 BT 등이
생산방식을 주도하고, ③ 정부가 아닌 민간이 생산변화의 선도자
가 되었으며 세계화가 영농방식을 결정하는 방향으로 진행되고
있다. 이를 통하여 곡물의 국제거래가 빈번해지고 식품가격도 안
정화되었다(권용대, 2017).

한편 일본은 농업혁명을 농업자립전략으로 보았고, 농업을 선

>>표 1.5. 제1의 녹색혁명 시 옥수수 및 대두 수량의 국제 비교

국가 \ 곡물	옥수수	대두
미국	100*	100*
프랑스	89	–
브라질	30	88
아르헨티나	57	65
루마니아	55	–
소련	57	–
중국	50	46
일본	46	70
세계	50	78

* 옥수수 602kg/10a, 대두 201kg/10a를 100으로 놓고 %로 환산
* 1976~1978년 데이터 평균
출처: 이중웅·이두순, 1982.

진국형 산업으로 보았으며, 미국 농업이 비교우위산업이 된 것은 크게는 육종의 성과이며 육종의 혁명 때문이라고 보았다. 1925년부터 1978년까지 수량은 하와이에서 약 5,557kg 더 증가하였는데, 이러한 증가는 유전적 요인으로 인한 증가분을 3,088kg, 재배기술적 요인으로 인한 증가분을 2,470kg으로 보고 있다(유전적 요인 향상 55%, 재배기술적 요인 향상 45%)(이종웅·이두순, 1982). 그밖의 요인으로는 기계화, 규모화, 즉 자본의 노동 대체, 에그리비즈니스의 발달로 증산에 필요한 비료, 농약, 종묘, 농업 컨설턴트

≫표 1.6. 미국 주요 곡물의 수량지수 추이(kg/ha)

연도	옥수수	대두	밀
1925	1,551	704	897
1930	1,457	852	897
1935	1,267	953	766
1940	1,853	1,136	951
1945	2,124	1,181	1,070
1950	2,334	1,333	969
1955	2,650	1,519	1,198
1960	3,502	1,482	1,477
1965	4,322	1,494	1,618
1970	5,068	1,670	1,071
1975	5,064	1,618	1,816
1978	6,193	1,901	1,983

* ha당 수량으로 환산
출처: 이종웅·이두순, 1982.

등의 경쟁적 제공으로 오늘날과 같은 생산성 제고를 가져올 수 있었다는 것이다.

일본에서 농업이 특히 수도작이 수출산업으로 성장할 수 있는 조건으로 규모 10ha 이상, 10a당 수량 700kg 이상, 1필지 면적 50~100ha, 물관리 자동화로 인한 노동력 절감, 직파재배, 효과가 높은 선택적 제초제 사용, 휴경 지역의 풀을 이용한 소형 면양 또는 육면양의 육성 및 도입, 수확기, 건조조정, 저장시설, 80마력 이상의 대형기계의 공동 이용, 시비, 공동방제 등에 경비행기 이용 등을 들고 있다.

1.3. 녹색혁명

1.3.1. 녹색혁명의 태동

혁명은 빠르고 역동적이며 돌이킬 수 없는 변화를 가져오기 때문에 속도감을 연상시킨다. 녹색혁명은 굶주림에 시달리기 전 짧은 시간에 기아를 해결할 수 있다는 이미지를 갖고 있다. 또한 녹색혁명은 과학의 응용을 통해 지리와 정치에 의해 방해받지 않고 모든 문제를 해결할 수 있다는 믿음을 심어 준다.

녹색혁명은 식량증산으로 개발도상국의 기아해결이라는 대의명분과는 달리 이를 이용하여 적색혁명을 막아내자는 냉전시대의 논리에서 시작되었다. 즉, 제2차 세계대전으로 유럽이 몰락하고 소련이 공산주의를 무기로 세력확장을 꾀하자 미국을 중심으로 한 서방에서는 이에 대응하는 전략을 구상하게 되었다. 1920년대부터 미국 사회에는 비미국적 사상과 행위에 대한 공포 히스테리 열풍인 적색공포가 자리잡고 있었다. 미국에서는 제2차 세계대전이 끝나고 나라가 정상화되지 않은 상황에서 러시아의 볼셰비키 같은 조직된 음모세력이 혁명을 일으켜 새로운 사회를 건설할지도 모른다는 두려움 때문에 정상의 상태를 위한 부흥운동이 전국에 걸쳐 일어났다(金炯坤, 1996).

그 전략의 우선순위는 공산주의 확산을 방지하는 데 있었으며 이는 1930년대 대공황을 겪으면서 자유시장 경제체제에 대한 불안을 느껴 적색혁명의 대안적 전략 모델의 한 방안으로 녹색혁명이 구상되었다. 이러한 목적, 즉 세계 공산화를 막고 자유진영의 세력을 공고히 할 목적으로 1947년 마셜 플랜이 계획되었다. 당시 아시아의 곡물생산은 미국의 1/5 수준에 불과하였다. 녹색혁명은 개발원조-개도국 식량증산-근대화 촉진-미국식 가치확산-자유진영의 세력확대를 꾀하기 위한 일환으로 시작되었다. 이때 미국에서는 공산주의 이데올로기 확산을 막지 않으면 개도국이 적화될 수 있다는 우려도 있었다(김윤희, 2012).

1945년과 1955년 사이 냉전이 계속되면서 미국의 정책입안자들은 외국 원조의 당위성을 확보하기 위한 이론으로 인구-국가 안전이론(PNST)을 내세웠는데, 이는 〈그림 1.4.〉와 같은 일련의 사건이 진행된다는 것을 전제로 하고 있었다.

이러한 시나리오를 미리 차단하기 위한 대책으로 후진국 원조

과밀
↓
자원고갈
↓
기아
↓
정치적 불안정
↓
공산주의의 반란
↓
미국의 국익 위협
↓
전쟁

>> 그림 1.4. 인구-국가 안보이론

출처: Perkins, 1997.

나 방책을 모색하고 있었다.

이와 함께 인도주의 재단인 카네기재단, 록펠러재단, 포드재단 등이 창립되었고, 이중 록펠러재단은 1910년 중국을 시작으로 1940년대부터 멕시코에 개발원조를 시작하였다. 녹색혁명의 관점에서 가장 큰 성과는 멕시코에서 달성되었다. 즉, 미국 부통령이었던 헨리 월리스(Henry Wallace)가 록펠러재단의 회장이었던 레이먼드 포스딕(Raymonds B. Fosdick)에게 제안하여 연구계획이 확정되고 미국 전문가 14명이 옥수수, 밀, 대두를 대상으로 연구를 시작하였다.

멕시코에서 하절기 밀이 녹병(rusk)으로 수량이 급감하는 것을 발견하고는 재래종에 새로운 품종을 교잡하여 35% 이상 증수되는 품종을 출시하였다. 특히 일본계 왜성품종을 재래종에 교배시켜 비가 많이 오는 조건에 잘 견디고 수량을 획기적으로 증수할 수 있는 품종을 작출하여 1958년에는 식량자급을 달성할 수 있었다.

멕시코의 성공을 계기로 록펠러재단은 쌀증산을 목표로 록펠러의 경험과 포드재단의 자금으로 아시아 지역에 새로운 연구소를 설립하기로 하여 1962년 필리핀에 국제미작연구소(International Rice Research Institute, IRRI)를 창립하였다.

녹색혁명이란 용어는 미국 농무성의 한 관료가 처음 사용했는데, 1960년대 후반 제3세계 농민이 비폭력적으로 적색혁명에 대응하는 방법으로 녹색혁명을 해야 한다고 제안하면서 사용되기 시작하였다(Gaud, 1968)고 한다(Harwood, 2012).

1.3.2. 서구의 녹색혁명

〈그림 1.5.〉는 13세기 이후 잉글랜드의 단위면적당 밀 생산수량의 변화를 나타낸 것으로, 18세기 전반까지는 수량변이가 없다가 18세기 후반에 유의적으로 높은 수량을 나타내게 되고, 20세기 후반에 급격하게 높아진 것을 알 수 있다. 18세기 이후의 토지생산성 향상은 농업에 윤작을 도입했기 때문이다. 윤작의 한 형태로 아무것도 재배하지 않는 휴한 대신 두과목초를 도입하여 질소고정을 통해 토양비옥도가 향상되었다. 그 결과 목초와 곡식의 생산량이 증가하면서 동시에 가축 사육두수도 늘어났고, 가축이 생

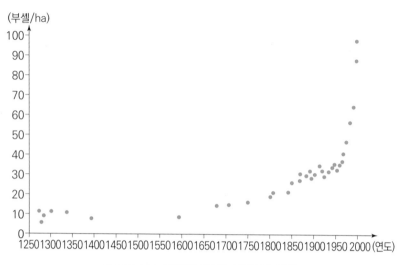

>>그림 1.5. 잉글랜드의 밀 생산수량 변화

출처: 荏開津典生, 1994.

산한 분뇨가 경지로 환원되면서 경작지가 비옥해졌다. 결과적으로 토지생산성이 높아짐과 함께 남아메리카에서 수송된 바닷새의 배설물인 구아노를 경작지에 사용하여 이러한 결과가 나타났다.

감소하는 농업노동력을 대체하기 위한 노력으로 영국에서는 1786년에 탈곡기, 1812년에 수확기가 개발되면서 기계화 농업의 시대가 열렸다. 1892년 미국에서 최초의 트랙터가 개발되었고, 1907년부터는 대량으로 생산되기 시작하였으며, 1920~1930년대에는 본격적으로 이용되기 시작하였다. 그리고 계속되는 탈농업화의 압박 속에서 트랙터 보급이 확대되고 현대농업은 화석에너지에 의존하는 대규모 기계농업으로 발전하게 되었다. 1859년 다윈의 《종의 기원》 출판과 1865년 멘델의 유전법칙 발견, 1900년 유전법칙의 재발견으로 분리육종법과 교배육종법이 확립되면서 작물에 대한 체계적인 육종을 통한 품종개량의 시대가 열렸다(최현옥, 1978).

그러나 보다 획기적인 증수는 제2차 세계대전 이후 미국의 옥수수에서 시작되었다. 이러한 증수는 제2차 세계대전 후 유럽과 미국의 밀농업에서도 지금까지 볼 수 없었던 획기적인 농업기술 혁신이 일어났고, 이것은 동아시아와 남아메리카 녹색혁명의 전초가 되었다. 산업혁명에 의해 새로운 기술이 개발되고 비료와 농기계와 육종기술 또한 혁신적으로 개선되었다. 그 결과 수량 비약이 일어났는데, 각 나라의 형편에 따라 일어난 시기는 다르다. 그밖에 제3세계의 나라들은 그후에 육종가 향상, 관개개선, 농약을 사용함에 따라 전 세계에서 수량 증가가 이루어졌다(레스터 브라운, 1973).

1.3.3. 제1의 녹색혁명의 개요

제2차 세계대전 후 약 20년간 멕시코를 비롯한 남아메리카, 인도를 포함한 동남아시아에서 일어난 식량증산을 통한 생활개선을 녹색혁명이라고 하며, 이때 이용된 작물육종 방법은 선발육종 및 이종교배였다. 여기서 선발육종이란 자연돌연변이나 자연교배로 생산된 변이개체 중 종래의 품종보다 우량한 것을 증식하여 재배하는 것을 말한다. 밀의 육종에 이용되었던 방법은 도입육종으로 일본의 단간종인 농림10호를 멕시코 장간종과 교배하여 반왜성단

>>표 1.7. 제1의 녹색혁명의 분류 및 방법

항목	설명
기간	제2차 세계대전 후 20년간
육종방법	선발육종 및 이종교배
대상작물	밀, 옥수수, 벼
효과	수확지수 향상(20~30% → 50%)
명칭	녹색혁명(한국, 대만), 녹(綠)의 혁명(일본), 백색혁명(우유 증산, 인도), 황색혁명(유채, 인도)
재배방법	일괄재배방식(비료, 농약, 관개를 동시에 시용)
국가	남아메리카(맥시코), 동남아시아(인도, 필리핀 등)
연구 주도기관	국제농업연구협의그룹(CGIAR)

간품종을 작출하였다. 이러한 품종의 수량 생산성이 높아 기적의 밀이라는 명칭이 붙었다.

한편 벼의 경우는 필리핀의 국제미작연구소에서 반왜성단간품종을 육성하여 이를 기적의 쌀이라 명하였다. 육종기술의 핵심은 종자 부분은 비대하게 만들고 잎이나 줄기는 매우 작게 만든 기형화된 품종을 창출하는 것이었다. 즉, 재래품종은 전체 식물체 중 종실의 비율이 20~30%였으나 개량된 품종은 종실 부분을 50%로 증가시켜 수량을 획기적으로 증수할 수 있는 품종으로 육종한 것을 의미한다.

새로운 품종에 의한 증수를 녹색혁명이라고 지칭한 국가는 인도, 필리핀, 멕시코, 한국 등이며, 일본은 녹의 혁명이라고 칭하고 있다. 반면 인도에서는 유채의 증수를 그 꽃의 색깔에 견주어 황색혁명이라 하였고, 젖소에서 사양방식의 개선을 통한 우유 증산을 백색혁명이라 하였다. 이러한 수량증수에는 기본적으로 화학비료 증시, 농약살포, 관개개선과 같은 재배방식이 도입되고, 기계를 도입한 소위 일괄재배방식이 채택되었다(生源寺眞 외, 2011).

새로운 방식에 의해 곡물의 수량이 획기적으로 증가한 나라는 인도, 필리핀, 대만, 멕시코 등이다. 그리고 미국의 주도 아래 이루어졌으며 멕시코의 국제 옥수수·밀개량 센터 그리고 필리핀의 국제미작연구소가 연구를 주도하였다.

1.4. 제1의 녹색혁명과 작물육종

1.4.1. 옥수수

수렵채취 생활을 벗어나 작물을 재배하기 시작하면서 세계 각국은 그 나라의 풍토, 토양, 기후조건에 따라 각기 다른 작물을 식재해 왔다. 그중 중국에서는 수수, 콩, 피, 보리, 벼를, 인도에서는 밀, 벼, 보리, 대두, 깨를, 한국에서는 보리, 벼, 조, 기장, 대두를 오곡이라고 하여 주요한 식량자원으로 재배하였으나 옥수수는 주곡이 아니었다. 그러나 옥수수, 벼, 보리는 세계 3대 작물에 속하며 식량공급에 중요한 역할을 해왔다.

옥수수는 약 7,000년 전부터 재배되기 시작하였으며 콜럼버스가 아메리카 대륙을 발견했을 때 마치종(dent corn), 경립종(flint corn), 팝콘, 스위트콘 등이 있었다. 현재 옥수수는 마치종, 경립종, 폭립종, 연립종, 나종, 감립종, 유부종, 나종 등이 있다.

옥수수는 벼나 밀과는 달리 타가수분율이 높기 때문에 품종을 섞어 재배하면 자연교배율이 높아 수량증수를 기대할 수 없다. 미국에서 옥수수 수량이 비약적으로 향상된 것은 1대 잡종을 이용했기 때문이다. 이는 성질이 다른 두 품종을 교배하면 그다음 세대에 잡종강세 현상이 일어난다는 원리를 이용한 것이다. 다양한 생물에서 근연품종보다는 서로의 관계가 먼 원연 사이에서 잡종강세 현상이 일어난다는 것은 다윈이 밝혀낸 바 있다.

옥수수에서의 잡종강세 육종 또는 하이브리드 육종은 최초 마치종(馬齒種, 알곡의 모양이 말의 이빨처럼 큰 것으로 종실과 옥수수대를 이용한 사일리지용으로 이용하기 위해 재배)과 경립종(硬粒種, 알곡이 작고 껍질이 얇아 식용이나 공업용으로 사용됨)의 수량성을 비교하기 위해 한쪽 품종의 숫이삭은 제거하고 다른 쪽은 그대로 둔 채 수정시켜 종자를 얻은 후 이듬해 파종하면 수량이 많아진다는 것을 발견한 것이 잡종강세 육종의 효시였다.

화이트종과 마치종을 자연적으로 수분되어 채종한 것을 1이라고 했을 때 혼합교잡한 것의 수량은 2.48배, 완전 1대 잡종에서는 2.74배 더 늘었다. 이 결과를 토대로 미국에서는 1대 잡종 옥수수를 1930년대부터 재배하기 시작하여 매년 수량이 78kg/ha 증가했다.

그때 당시 이용한 것은 1대 잡종(마치종)으로 소위 합성법을 이용하였다. 이 방법은 다음과 같은 순서로 진행된다. 제1단계에서는 자식계통(自殖系統, 동일한 유전자형인 키, 알곡 무게가 같은) 15~50계통을 선발하며, 제2단계에서는 그중에서 우수한 계통을 선발하고, 제3단계에서는 그 계통을 교배하여 그중 잡종강세 현상이 나타나는 교배조합을 찾아내며, 제4단계에서는 이 조합의 양친 계통을 자가수정으로 교배시키고, 제5단계에서는 매년 1대 잡종을 만들어 이용하는 방식이다(藤卷宏·鵜飼保雄, 1987).

그후 1대 잡종끼리 교배시키는 복교잡법을 개발하였다. 이 방법은 먼저 잡종강세가 잘 나타나는 4계통의 a, b, c, d 품종을 준비한다. a와 b의 교배로 얻은 1대 잡종을 어미로, c와 d의 교배로 얻은 1대 잡종을 아비로 하여 교배를 시켜 다음 대에 좀 더 강한 1대 잡종 종자를 생산하여 보다 균일한 잡종강세형 종자를 확보하는 육종법이다. 그후에 단교배 1대 잡종이라는 육종방법이 개발되었다.

1대 잡종을 이용하면 병충해에 강하고 수량도 많지만 한 가지 큰 단점은 매년 종자를 새로 채종하여 이듬해에 파종해야 한다는 점이다. 옥수수는 암수한꽃 작물로 다른 옥수수의 꽃가루가 옮겨와 수정되지 않도록 수꽃을 제거해야 하므로 노력이 많이 들며, 미국의 옥수수 재배지대에서는 여름철에 이 작업에 수만 명의 사람들이 동원되었다. 이에 대한 대책으로 1950년 이후 유전적으로 꽃가루를 만들지 않는 웅성불임(雄性不稔)의 특성이 있는 멕시칸·준이라는 품종을 개발하면서 이러한 문제를 일부 해결하였다.

옥수수의 수량과 재배품종의 관계는 〈그림 1.7.〉에 잘 나타나

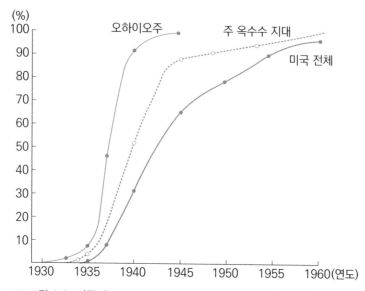

▶▶그림 1.6. 미국의 1930∼1960년대 1대 잡종 옥수수 재배면적의 변화

출처: 藤卷宏·鵜飼保雄, 1987.

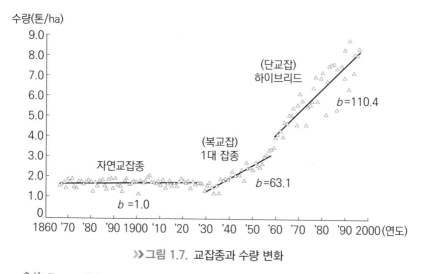

▶▶그림 1.7. 교잡종과 수량 변화

출처: Troyer, 1999.

있다. 즉, 남북전쟁 이후 1999년까지 125년 동안 일정한 경향을 보이는데, 1대 잡종 품종이 개발되면서 명확한 수량 증수를 보인다. 〈그림 1.7.〉에서 알 수 있는 것은 품종 간 교배 없이 농장에서 자라는 자연교잡종을 채종하여 이듬해에 그대로 파종했던 60년간의 평균수량은 1.7톤/ha 정도에 불과하고, 1대 잡종 품종을 작출하여 재배했던 1940년경부터 1960년까지 20년간은 수량이 2.7톤/ha 정도 증수되었다. 그리고 단교잡종(하이브리드 육종법의 하나)을 채택한 후에는 1978년에는 6.3톤, 1986년에는 7.5톤, 1994년에는 8.7톤, 1999년에는 8.4톤, 2000년에는 8.6톤이 되어 ha당 8톤대

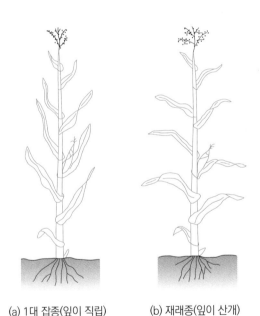

(a) 1대 잡종(잎이 직립)　　　(b) 재래종(잎이 산개)

≫그림 1.8. 1대 잡종과 재래종 옥수수의 초형 차이

출처: Troyer, 1999.

를 유지하게 되었다(鵜飼保雄·大澤 良, 2010).

〈그림 1.8.〉은 옥수수 1대 잡종과 재래종 품종의 다 자란 모습
이다. 1대 잡종은 잎이 직립하여 맨 밑의 잎에까지 빛이 도달하여
광합성 효율이 높지만 재래종은 잎이 직립하지 않고 옆으로 퍼져
있어서 햇볕이 맨 밑의 잎까지 도달하지 않아 광합성 시 엽의 배
치가 비효율적이다.

1대 잡종이 그 양친보다 수량이 높은 이유는 암이삭과 낱알의
무게가 무겁고 알곡도 더 많기 때문이다. 교잡종 옥수수의 이삭은
211%(2배 정도) 무겁고 알곡 숫자도 142%나 더 많다(生源寺眞 외,
2011).

1.4.2. ▶ 밀

밀은 세계적으로 식용 74%, 사료용 15%, 나머지 6%는 종자
용으로 사용되고 있다. 지역적으로 다양한 밀이 재배되고 있으나
2배체, 4배체, 6배체 밀이 상업적으로 재배된다. 이중 4배체인 보
통계 밀이 가장 많이 재배되고, 두 번째로 많이 재배하는 품종이
마카로니(듀럼)밀이다. 한국은 1915년 권업모범장에서 12종의 조
합을 만든 후 50여 종이 작출되었으나 현재는 35종이 보급되고
있다. 밀은 주목적이 밀가루 생산인데, 밀가루의 단백질 함량에
따라 연질, 중간질, 경질, 듀럼으로 나뉜다(이양호, 2015).

녹색혁명에 이용되었던 밀의 육종 경과는 〈표 1.8.〉에서 보는
바와 같다.

연도	육종가	육종목표	육종국	육종방법, 품종명	녹색혁명과의 관계
1925	稻塚太郎, 淺沼清太郎	내녹병, 단간	일본	계통육종법, 농림 10호	초장(61cm), 이삭 대형
1949	보겔	다수성	미국	농림 10호 × 브레보아, 농림 10호 × 바르트(게인즈)	미국의 수량 증수
1952~ 1962	노먼 볼로그	내병, 다수	멕시코	피티크 62, 펜하모 62	멕시코 밀 재배면적의 95% 차지

중세 서양에서 재배되던 밀은 당시 여성의 키와 같은 정도인 150cm 이상이었는데, 이렇게 초장이 길면 촘촘히 심거나 화학비료 과용 시 쓰러지기 쉽기 때문에 수량 증수를 위해서는 화학비료를 많이 주고 밀식해도 쓰러지지 않는 품종이 필요했다. 멕시코의 녹색혁명은 키가 작고 이삭이 큰 품종 개발이 핵심이었다.

농가에서 필요로 한 것은 대가 아닌 이삭이었고 일본은 토지가 부족했으므로 동남아시아를 침략하여 제국주의의 확장을 꾀하던 시절에 식량확보를 위해 밀의 수량 증수가 절실하였다. 1873년 일본에서 미국 농무성 고문관으로 일했던 카프론에 따르면 당시 일본은 초장이 50cm면서 퇴비를 많이 시비하여도 쓰러지지 않고 수량을 많이 생산하는 품종의 육종에 성공하여 원래 재배되던 품종에 비하여 수량도 많았다. 이 품종은 이탈리아나 프랑스 등의 육종가에 전달되었다. 일본의 밀 육종은 제2차 세계대전 중에도 계속되었으며 한국과 미국을 비롯하여 세계 각국의 재래종을 수집하여 밀 육종에 사용하였다. 이러한 반왜성품종은 다른 품종에 비해 다량의 화학비료에 잘 반응하여 높은 수량을 보였다(Perkins, 1997).

획기적인 품종 개발에 모태가 된 것은 일본에서 육종한 농림 10호라는 품종이었다. 즉, 1935년 일본에서 품종등록 당시의 결과를 보면 터키 레드는 초장이 145cm, 플러스 품종은 127cm, 농림 10호는 61cm였으며, 이삭이 크고 3톤/ha의 수량으로 1942년 당시 일본 지방에 밀 재배면적의 28~32%를 차지했다. 그러나 농림 10호는 이삭 선단에 달린 꽃이 개화 시 열리지 않아 웅성불임이 되는 결점이 있었다.

1945년 미국 농무성 천연자원국의 새먼(Salmon)이 미국으로 가져간 16종의 품종 중에 농림 10호가 있었다. 포장 적응시험 중에 농림 10호가 충분한 관개와 시비를 해도 초장이 60cm 정도로 작고 분얼이 잘 되며 쓰러지지 않고 이삭이 크다는 것을 발견하였다. 이러한 특징을 파악한 사람은 미국 서부에서 가을 조기 파종에 적합한 품종을 육종하던 워싱턴 농업시험장의 보겔(Orville Vogel)이었으며, 그는 농림 10호와 브레보아를 교잡하여 게인즈(Gaines)라는 품종을 만들었다. 이 품종은 유망(까끄러기)이며 반왜성으로 쓰러지지 않고 녹병·흑수병·흰가루병에 강하며 재배관리가 잘 되면 그때까지의 다수 품종에 비해 50% 이상 수량 증가가 가능하였다(藤卷宏·鵜飼保雄, 1987).

멕시코, 인도, 파키스탄의 ha당 밀의 수량변화는 〈그림 1.9.〉

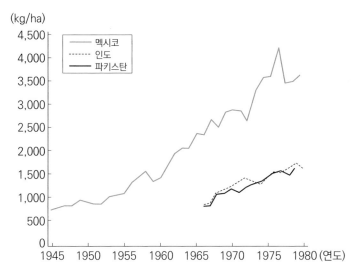

>>그림 1.9. 멕시코, 인도, 파키스탄의 1945~1979년의 밀 생산량 증가 추이

출처: 鵜飼保雄·大澤 良, 2010.

에서 보는 바와 같다. 이러한 반왜성 인자가 이입된 신품종이 인도, 파키스탄, 네팔 등 동아시아에 전파되었고, 파키스탄에서는 1966년에 ha당 수량이 820kg이었던 것이 1975년에는 1,490kg으로, 생산량은 22만 톤에서 994만 톤으로 증가하였고, 재배면적 역시 516만 ha에서 669만 ha로 크게 늘어났다(鵜飼保雄·大澤 良, 2010).

그러나 근대에 육종된 품종의 재배면적이 급증하면서 재래종의 재배면적은 급감했다. 생산량을 높이기 위해 완비된 관개시설과 화학비료를 필요로 하는 반왜성품종의 재배는 건조지역에서 경지에 염류 축적을 촉진하여 심각한 염해를 일으키는 반작용도 발생하였다.

1.4.3. 벼

벼는 암수한꽃이어서 스스로 수정하는 소위 자식성 작물이다. 따라서 다른 품종과 교배하여 새로운 교잡종을 만드는 것이 거의 불가능하여 약 1%만 다른 개체의 꽃과 수정될 수 있다. 육종에서 독특한 유전자형을 갖는 계통을 순계라고 한다. 순계는 환경이 바뀌어도 일시적인 변화는 있지만 유전적으로는 변하지 않아 선발 효과가 없다. 멘델의 법칙의 재발견 이후 유전학에 기초하여 육종 선진국은 세계 각국에 있는 벼를 수집하여 우수한 순계품종을 많이 육종하였다. 목표로 했던 유전형질은 수량, 알곡 형태, 조만성 등이며 열대 아시아에서의 육종은 화학비료를 사용할 수 없는 상태였기 때문에 장기간 생육을 요하는 만생장간종(晩生長稈種)의 육종에 노력했으며 이는 볏짚을 사료로 하는 농가의 특성을 충족시키기 위해서였다. 1900년대 이후 20~40년간 분리육종법에 의한 순계선발이 육종의 핵심이었다.

아시아 벼(*Oriza Sativa*)는 크게 두 그룹으로 분류할 수 있는데 인디카(*Indica*)와 자포니카(*Japonica*)가 그것이다. 인디카는 아열대 지방에서 재배되는 품종군으로 저온에 약하고 현미는 작고 길며 찰기가 없는 반면, 자포니카는 한국이나 일본에서 전통적으로 재배되는 재래종으로 현미가 둥글고 밥에 찰기가 있다. 그런데 이 두 그룹은 연고가 멀어 그들 사이 잡종에는 불염성(不稔性)이 나타나는 소위 잡종불염으로 열매(이삭)를 맺지 못한다.

분리육종법에 의해 만들어진 순계라도 여전히 유전적으로 잡다한 인자가 혼재되어 있었기 때문에 품종 간 교잡에 의한 새로운 변이를 창출하여 그중에서 우량한 개체를 선발하여 우량품종을 작출하는 실험이 시작되었다. 즉, 교잡육종법을 이용하여 새로운 작물을 만드는 방식이었다. 다른 특성이 있는 두 품종을 육성하면, 양친의 기대형질을 나타내는 품종을 육성할 수 있을 뿐만 아니라 교잡육종에서 기대했던 효과적인 선발이나 교잡 후대에 나타나는 분리의 예측이 가능하다. 이 방법은 육종효율이 좋아 세계적으로 널리 이용되는 방법이다.

교잡육종은 현재의 품종에 새로운 유전자를 도입하여 신품종을 육성하는 기술로, 예를 들어 벼가 수량은 많은 데 알곡이 찰지지 않아 기호성이 낮은 경우, 이 벼에 찰진 성질이 있는 찹쌀벼를 교배시켜 수량도 좋고 찰져 밥맛이 좋은 품종을 만드는 벼 육종법이다. 물론 그 내용은 육종목표에 따라 다양한 형질을 도입할 수 있다. 생산성이 높은 품종을 원하면 비료에 잘 반응하고 쓰러지지 않으며 종자가 잘 떨어지지 않고 수광 상태가 좋아 광합성 효율이 높은 계통을 선택하여 교배시키면 된다.

멕시코에서 밀의 육종을 통하여 수량을 획기적으로 증가시켜 식량문제 해결에 돌파구를 찾은 후 아시아 지역의 주식인 벼의 육종을 목표로 국제미작연구소(IRRI)를 만들었다. 초대 원장인 로버트 챈들러(Robert Chandler)는 벼 육종을 위한 청사진을 다음과 같이 제시하였다.

첫째 단간강건(短稈强健)하여(90~110cm) 도복에 저항할 수 있는 품종, 둘째 직립품종으로 잎이 가늘어 광이용 효율을 증대시킬 수 있는 품종, 셋째 높은 분얼력과 알곡과 볏짚의 비율이 1:1로 비료에 높은 반응력을 보이는 품종, 넷째 개화시간이 일장에 영향을 적게 받아 이식일자와 지역에 둔감한 품종, 다섯째 대부분의 병충해에 저항성이 있는 품종, 특히 천공충과 잎마름병 저항성을 가진 품종, 여섯째 아시아에서 넓은 적응성을 보이는 품종, 일곱째 고영양성을 갖고 있는 품종으로 고단백질 함량과 아미노산의 균형을 이루는 품종, 여덟째 기호성이 좋은 품종.

이 연구소는 세계 73개국에서 3만 7,000여 종을 수집하고, 그 중 5,800여 종을 실제로 재배하여 여러 가지 특징을 조사하였다. 물론 이 연구소가 발족하기 이전에 중국과 대만에서 수량을 증수하기 위한 여러 가지 육종시험이 시도되었다. 대만과 중국에서 반왜성품종의 재배가 처음 시작되었는데, 대만에서는 키가 작은 재래종 디조우겐[低脚烏尖]과 키가 크고 내병성이 강한 채유아이중[菜園種]을 부모로 하여 대중재래1호[臺中在來一號]가 1956년 세계 최초로 작출된 바 있다. 이 품종은 다비에 잘 반응하면서 초장이 85cm 내외로 수량도 ha당 6.3톤을 생산할 수 있었다(山田實著, 2007). 대만의 dee-geo-woo 유전자는 중국 남부에서 유래한 것으로 중국도 이것을 교잡하여 IR8과 유사한 품종을 작출한 것으로 추측되며, IR8이 출시되기 1년 전에 광둥, 장쑤, 후난, 푸젠 등에서 3300만 ha가 재배되었다.

한편 국제미작연구소에서는 1962년 38개의 교잡종을 만들었고 그중 11개는 대만의 단간종인 대청순계 1(Taichung Native 1, 디조우겐)과 장간종 인디카를 부모로 하였는데, 81번째 교잡종은 페타(Peta, 인도네시아 계통의 장간종, 활력이 우수하고 종자가 휴면하며 병충해에 대한 저항성이 있어 필리핀에서 널리 재배되던 품종)와 디조우겐을 교잡한 것이다. 그 과정은 1차 교잡에서 130개를 얻고 2차 (F_1) 교잡에서 종자 10,000개를 수확한 후 교배를 계속하여 F_6에 이르러 IR-288을 최종 선발하였다. 그리고 이 종자를 증식하여 말레이시아, 태국 등에 종자를 보내 수량, 성숙일수, 이삭수, 도복, 내병성, 종자휴면, 쌀의 젤라틴 정도, 전분 중 아밀로오스 함량을 조사한 후 최종적으로 IR8로 명시하였다.

IR8은 키가 작고 강하며 종자 활력이 우수하고 비료에 대한 반응이 뛰어나며 광주기(중생 120~130일)에 비교적 무반응하고 종자 휴면성이 적당하며 툰그로바이러스(Tungrovirus)에 중정도의 내성을 가지고 있었다. 단점은 종자가 단단하고 백색(백악질)이어서 윤기나는 정미를 선호하는 시장과 역행할 뿐 아니라 도정 중 파쇄미

>>표 1.9. 기적의 쌀 IR8의 일반적인 특징

특징	증수 효과
잎이 두껍고 직립한다.	일정한 공간에 많은 잎이 잘 배치되어 햇볕을 유효하게 이용할 수 있어 광합성의 효율이 높다.
벼 줄기가 짧고 강하다.	잘 쓰러지지 않으며 질소를 많이 주어도 수량을 높일 수 있다. 단간유전자를 가졌다.
이삭이 크고 잘 익는다.	일정 면적에서 많은 벼를 수확할 수 있다.
분얼이 잘 된다.	일정 면적에서 많은 이삭이 달려 알곡을 확보하기가 쉽다. 인접한 포기가 결손되거나 생육불량일 때 보상능력이 높다.

출처: 藤卷宏·鵜飼保雄, 1987.

가 발생하며 전분 중 아밀로오스 함량이 높아 밥이 식었을 때 딱딱하지 않은 것을 선호하는 아시아인의 기호에 맞지 않는다는 점이었다. 동시에 엽고병에 약하고 바이러스성 잎마름병에 감염되기 쉬운 결점도 있었다. IR8이 언론에 공개되자 당시의 필리핀 신문은 기적의 쌀(miracle rice)이라고 명명하여 대대적으로 선전하였다.

〈그림 1.10.〉 (a)는 IR 계통의 통일벼와 재래종의 질소시비 반응이며, (b)는 IR8과 그의 한쪽 부모인 페타(Peta)의 질소 시용량과 수량의 관계를 나타낸 것이다. 즉, 페타는 질소 시용량이 ha당 90kg이 넘으면 쓰러지고 수량도 감소하는 반면 IR8은 ha당 180kg까지 시비량을 늘려도 수량이 증가함을 알 수 있다. 제1의 녹색혁명이 종자-비료의 기술이라 불리는 이유이다.

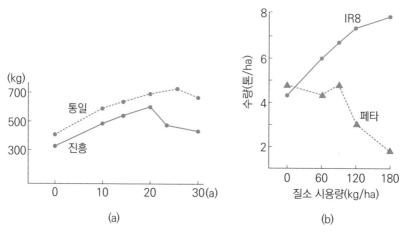

≫그림 1.10. 통일 계통(통일, IR8)과 일반벼(진흥, 페타)의 질소시비 반응

출처: 生源寺眞 외, 2011.

중국 광둥에서는 국제미작연구소와는 별도로 유사한 육종계획이 진행되었고 왜성유전자를 가진 품종을 이용하여 품종을 개발하였다.

IR8은 관개 시 건기에 9톤, 우기에 11톤을 생산하였고, 연간 평균 20톤/ha의 수량을 보였으며, 아시아 지역의 어떤 품종보다 우수하여 평균 5~10톤/ha의 수량을 더 올릴 수 있었다. 1970년에 필리핀 쌀 생산량에 크게 기여하여 전체 논 면적의 50%에 해당하는 50만 ha에서 재배되어 수량 도약의 계기가 되었다.

이러한 소위 고수량 품종은 각국의 농업연구기관에 의해 개발되어 1980년대 초까지 아시아 지역 벼 재배면적의 60%에 이르렀다. 당시 인구폭발로 인한 식량문제 해결에 크게 기여하였다.

1.5. 녹색혁명 시 동아시아의 상황

1.5.1. 한국의 녹색혁명

일제 강점기 이후 일본에서 육종된 품종은 조신력, 백석 등으로 병합 초기인 1915년까지 14종이 도입되었고 1925년까지는 동향, 육익 119호 등 14품종이 도입되었으며, 일제 말기에는 음선, 조생극 등 10품종이 도입되어 총 40여 종이 도입되었다(김종호, 2014). 1912년에는 도입품종이 12.2%에 불과했으나 1920년에는 52.8%, 1935년에는 82.8%였다고 한다. 당시 널리 재배된 벼 품

종은 은방주, 조신력 등 5종이었다고 한다(최현옥, 1978)

일제 강점기 초기의 벼 생산량은 재래종과 도입종의 평균이 1912년에는 10a당 102kg이었으나 1924년에는 132kg이었고, 시험포장에서의 성적은 1907~1910년에 215kg(조동지 품종), 1931~1932년에 249kg이었다. 그러나 다른 보고에 따르면 1935년에는 은방주가 360kg을 나타내 1906년의 성적보다 무려 52%나 더 많은 수량을 보여 주었다(최현옥, 1978). 또한 1941년에는 팔굉 품종에서 406kg을 보여 1907~1910년 조동지에 비해 89%나 더 많은 수량이었으며, 이 품종은 1970년까지 보급 1위의 벼였다(김종호, 2014).

그후 1960년까지 일본 육종 품종이 상당수 차지하여 국내 품종은 수원 28호 등 12품종에 불과하였고 일본 도입 품종은 백금신 2호 등 9품종이었으며 이때 국내에서 육종된 품종의 수량은 374~439kg의 범위였다(조수행·박내경, 1994). 그러나 실제 농가 수준에서는 302~306kg 수준이었다(김종호, 2014).

아시아 지역 벼 육종에 이용되었던 품종은 왜성유전자를 도입한 것이 특징이며, 이 유전자는 벼의 크기가 작고 분얼이 잘되며, 이삭의 크기가 커서 수량이 많다. 한국 녹색혁명의 원조라 불리는 통일벼 역시 이러한 유전자를 도입한 것이 핵심이다. 즉, 인디카(아열대형)면서 왜성유전자를 가진 벼와 내냉성, 내도복성, 도열병 저항이 강한 품종을 개발할 육종목표를 가지고 유카라(일본형) × TN1(Tachung Native 1)을 교배하여 얻은 F_1에 IR8(국제미작연구소에서 작출한 열대벼)을 교잡하여 만든 것이 통일벼이다. 통일벼의 특징은 첫째 키가 작고(60cm), 둘째 줄기가 굵고 마디 사이가 짧으며, 셋째 잎이 직립성이어서 광합성효율이 높고, 넷째 잎집이 두껍고 중첩되어 도복을 막아줄 수 있다(농업진흥청 북방농업연구소, 2011)는 점이다.

그뒤에 국제미작연구소에서 개발된 품종에 여러 계통을 교잡하여 통일, 조생통일, 수원 251·258·264, 유신, 노풍, 밀양 21·23·30호, 내경 등 15품종이 육종되고 농가에 보급되었다.

통일형 품종의 재배점유율은 1974년 15.2%에서 시작하여 1978년에는 76.2%까지 높아졌고, 그 수량에서도 일반벼에 비해 11~30% 이상 높아졌다. 소위 벼 신품종 육종에 의한 녹색혁명으로 그 수량이 비약적으로 증가하였다. 한국의 벼생산량 변화는 〈그림 1.11.〉과 같다.

>>그림 1.11. 1900년대 초에서 2015년 사이의 벼 수량 변화

출처: 이점호, 2018.

성인의 1일 필요열량은 3,400kcal이나 제1의 녹색혁명 이전에 3,000kcal 이상 공급된 국가는 덴마크, 미국, 영국, 호주, 뉴질랜드 등 몇 개국에 불과하였다. 뿐만 아니라 유럽·북아메리카 선진국은 단백질 중 동물성 단백질의 비율이 높아 유럽은 20%, 미국은 35%를 차지했다. 식량부족은 아시아, 라틴아메리카, 아프리카 등지에서 고질적이며 심각한 문제였다. 인구증가율도 높았는데, 이는 현대의학의 보급과 전쟁의 종식으로 사망률이 낮아졌기 때문이다.

즉 3,000kcal를 보급하기 위해서는 연간 1,000kg 정도의 곡물이 필요했으나 인구과잉으로 인해 공급량이 절대적으로 부족하였

≫▶표 1.10. 각 지역별 1인당 곡물생산량 비교(IRRI, 1985)

(단위: kg/연간)

지역	1934~1938	1948~1952	1957~1960	1960~1961
북아메리카	768	1,006	1,042	1,107
서유럽	247	234	284	293
동유럽, 소련	533	453	535	558
오세아니아	455	538	467	688
라틴아메리카	254	190	213	214
아프리카	158	161	167	170
아시아	231	197	221	226
세계 평균	307	284	316	328

출처: 김윤희, 2012.

고, 특히 제2차 세계대전 이후에는 더욱더 감소하였다. 전 세계의 제1의 녹색혁명 전 1인당 곡물생산량은 〈표 1.10.〉에 비교해 놓았다. 이 표에서 보는 바와 같이 아시아 지역의 곡물생산량은 아프리카 지역 다음으로 1960~1961년에는 세계 평균의 69%, 북아메리카의 20%에 불과한 연간 226kg으로 열악한 상황이었다.

1.6. ⊙ 제1의 녹색혁명 효과

1.6.1. 멕시코

멕시코의 주식은 옥수수였기 때문에 옥수수 부족 문제를 해결하기 위해 미국에서 시행되었던 1대 잡종 옥수수를 멕시코에 도입하고자 하였다. 그러나 농가는 새로운 1대 잡종 종자를 매년 채종하여 파종해야 했기 때문에 당시 멕시코 농가 수준에서는 채택하기 어려운 작물이었다. 차선책으로 생각한 것이 합성 품종의 개발이었고 이는 농가가 직접 채종하여 파종할 수 있었으며 재래종에 비하여 10~15%의 증수가 가능하여 농민들의 환영을 받았다. 이 방법으로 옥수수의 자급을 달성하였다.

녹색혁명의 결과가 가장 확실하게 나타난 작목은 밀이었다. 멕시코에서는 수량이 현저하게 증가해 1950년에 비해 15년간 3배 증수되었다. 1976년에는 멕시코의 모든 습지 소맥 경작지가 새로운 품종으로 교체되었으며 신품종은 비료에 잘 반응하는 것들이었다. 그리고 멕시코 전체적으로 볼 때 3톤/ha의 수량을 올릴 수 있었으며, 1985년 총 밀생산량은 550만 톤에 이르렀다. 이것은 1952년과 1956년에 1.1톤/ha이었던 수량이 1967년에는 2.8톤/ha 으로 증수되었다. 이러한 결과는 같은 품종을 도입했던 파키스탄이나 인도에서는 그 증가가 미미했으나 멕시코에서는 수량 증가가 현저하였다.

멕시코에서 수량이 극적으로 늘어난 것은 화학비료 때문이며, ha당 140kg의 화학비료를 시용했으므로 수량을 4배나 증가시킬 수 있었다. 또 관개가 가능하고 질소비료 이외에 인산을 추가로 주었을 때 5~6배나 더 많은 밀을 수확할 수 있었다(Conway, Ruttan and Sorageldin, 1998).

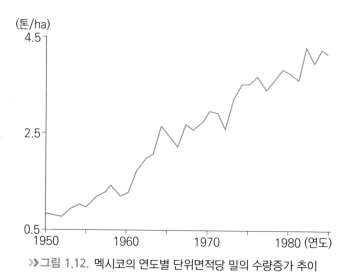

▶▶그림 1.12. 멕시코의 연도별 단위면적당 밀의 수량증가 추이

출처: Conway, Ruttan and Sorageldin, 1998.

1.6.2. 필리핀에서의 성과

필리핀에서 식량이 부족한 이유는 인구가 많고 작물 수량이 부족했기 때문이다. 1952년과 1956년 사이 쌀 생산량은 호주 100%, 이탈리아 99%, 일본이 83%인 데 비해서 필리핀은 23% 정도였다. 1965년 국제미작연구소는 IR8을 작출하여 벼에서의 녹색혁명을 성공하였다.

1968~1969년 20년 만에 최초로 쌀의 자급을 달성하였다. 그리고 1981년 75%의 수도재배지가 신품종으로 전환되었고, 2톤/ha의 수량을 올릴 수 있었으며, 결과적으로 매년 70kg/ha씩 증수가 가능해졌다. 〈그림 1.13.〉은 필리핀의 연도별 쌀 생산량 증가 추이를 나타낸 것으로, 앞의 설명처럼 기복은 약간 있었으나 서서히

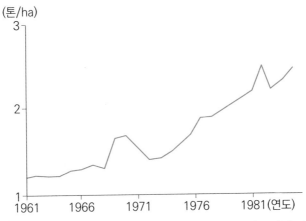

≫그림 1.13. 1961~1990년 사이 필리핀의 쌀 생산량 증가 추이

출처: Conway, Ruttan and Sorageldin, 1998.

제1의 녹색혁명, 증산혁명 63

증가하여 2톤/ha 이상의 수량을 나타내고 있다.

필리핀에서 새로운 기적의 쌀이라는 고수량 품종이 개발되었지만 수량 증수가 즉각적으로 나타나지 않은 이유는 농가가 화학비료를 구입하여 시용할 정도의 경제력이 없었기 때문이었다. 마르코스 대통령이 은행에 싼 이자로 농민에게 자금을 융자해 주라는 압력을 행사한 이후에야 농민들은 비료를 구입할 수 있었다. 그후 병충해가 발생하고 가뭄이 들자 새로운 품종이 더 이상 고수량을 담보할 수 없다는 사실을 알게 되었다(Douglas, 2015).

1.6.3. 인도와 파키스탄

인도는 제1차 세계대전 이후부터 독립 전까지 복잡한 여건, 즉 세계 경기불황에 따른 수출감소, 제2차 세계대전 이후 수송마비 등의 요인으로 농업이 후퇴하게 되었다. 농업의 쇠퇴는 국가 혼란을 가중시켜 현금작물이 우선시되고 식용작물은 척박한 토지에서 재배되어 경지면적당 수량이 저하되었다. 그 결과 인도는 심각한 식량위기에 처하게 되었다. 당시 발생된 식량위기에 대처할 수 있는 방법에는 두 가지가 있었다. 하나는 국내에서 식량을 생산하는 방법이었고, 다른 하나는 외국의 곡물에 의존하는 것이었다. 내적 대응은 독립운동을 전개하며, 농업은 생태적 기반을 강화한 소농의 자급을 목표로 하였다.

인도에서 녹색혁명의 시초가 된 것은 노먼 볼로그가 1963년 인도 여행 후 국제 옥수수·밀개량 센터(CIMMTY)에서 400kg의 반왜성 밀종자를 인도에 실험용으로 보낸 것이었다. 이를 계기로 인도에서 신품종을 재배하기 위한 전략이 마련되었다. 당시 계획위원회에서는 인도의 국제수지가 심각한 위기에 처해 있어 고수량 품종에 필요한 비료수입에 사용할 외화에 대한 염려를 표명하였다. 그후 1966년 벼품종 IR8 20톤을 공여받아 농가에 보급하였다. 조직적인 신품종 보급은 록펠러재단의 후원을 받아 시행되었고, 수리시설이 잘된 지역을 중심으로 재배를 시작하였으며, 여기에 투입재(비료 등)를 공급하는 방식인 일괄계획(package program)을 시행하였다. 수리시설이 잘된 지역은 성과가 컸다. 그리고 생계농업에서 상업농업으로 전환하는 방식을 차용하였다(권원달, 1973). 1966년에는 가뭄으로 식량생산이 감소하여 미국으로부터 전례 없이 많은 곡물을 수입하였다. 특히 쌀의 주력생산지인 비하르주의 피해가 컸다. 1966년부터 다시 생산량이 증가하기 시작하여 지속적으로 증가하였다(Shiva, 2016).

파키스탄의 기후는 건기와 우기로 나뉘는데 두 계절에 걸쳐서 소맥을 생산할 수 있었으나 수량이 매우 낮아서 1960년대 초에는 0.8톤/ha에 불과하였다. 그러나 1962년 국제 옥수수·밀개량 센터에서 개량한 펜자모 60(Penjamo 60), 레르마(Lerma), 로조 64(Rojo 64) 등을 도입해 재래종보다 수량 2배 이상을 올렸다. 그뒤 다시 개량품종을 도입하여 재배한 결과, 재래종보다 2~3배, 다비밀식 재배조건에서는 8배나 많은 수량을 올릴 수 있었다. 여러 도입품종 중 성적이 좋은 것은 다시 멕시코와 파키스탄의 이름을 합성하여 새로운 품종으로 명명하는 등 신품종을 열성적으로 농가에 보

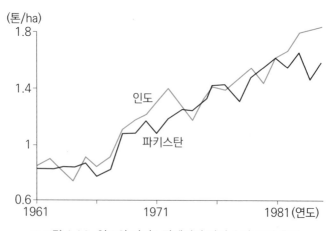

>>그림 1.14. 인도와 파키스탄에서의 밀의 수량 증가 추이

출처: Conway, Ruttan and Sorageldin, 1998.

급했다(조재영, 1971). 〈그림 1.14.〉는 인도와 파키스탄에서의 밀의 수량 증가 추이를 나타낸 것으로 고수량 품종의 도입 초기는 0.8톤/ha이었던 것이 1976년경에는 약 1.4톤/ha을 나타내어 경이적인 수량 증수를 나타내고 있다.

1966년 필리핀에서 육성한 IR8을 도입하여 재래종에 비해 2배 이상 증수가 가능하였다. 도입 초기에는 2톤/ha에 불과했는 데 다비재배 시 5~6톤, 다비밀식 조건에서는 10톤 이상의 성적을 거두어 1968년에는 서파키스탄은 25만 ha, 동파키스탄은 60만 ha를 재배하게 되었다. 쌀이 주식인 동파키스탄은 수도를 재배할 수 있는 면적이 당시 50만 ha에 불과하여 관정을 개발, 급수하여 문제를 해결하려는 적극적인 노력을 보였다(조재영, 1971).

〈표 1.11.〉은 재래종 및 신품종 재배가 소득에 어떠한 영향을

>>표 1.11. 재래종 대비 신품종 재배의 소득

(단위: 달러)

구분	재래종	신품종
소맥(밀)		
터키	32	80
파키스탄	13	54
인도	17	76
수도(쌀)		
서파키스탄	25	45
동파키스탄	30	119
필리핀	81	140

출처: 레스터 브라운, 1973.

미치는가를 비교한 것이다. 〈표 1.11.〉에 따르면 터키에서는 단간 종의 밀 품종을 재배하였을 때 농민의 순이익은 재래품종의 2.5배, 파키스탄은 2배, 인도는 4.5배가 되었다.

1.6.4. 중국

중국은 주은래가 농민에게 시장의 원리에 충실하도록 권한을 부여하고 국제미작연구소의 신품종을 도입하는 대신 독자적인 품종개발을 통해 수량 증수를 할 수 있게 된 것이 특징이다. 벼는 밀과 마찬가지로 자가수정하는 식물로 자가수정이 가능한 육종방법을 개발했다. 필요한 비료의 60%는 화학비료가 아닌 인분이나 축분을 이용하는 방식으로 생산력을 유지했다. 교잡종 활력을 갖

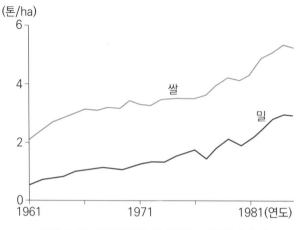

>>그림 1.15. 중국에서의 쌀과 밀의 수량 증가 추이

출처: Conway, Ruttan and Sorageldin, 1998.

는 육종방법을 개발하여 수량을 20% 이상 올릴 수 있었다. 이렇게 독자적으로 개발된 첫 번째 교잡종은 1974년에 농가에 보급되었고 그후 수년 내에 중국 재배지의 15%가 신교잡종으로 교체되었다. 중국은 또한 멕시코로부터 교잡종 밀을 도입하여 지역 재배종과 교배시켰다. 1970년까지 상하이 인근의 농가는 전기를 이용한 관수가 가능하였을 뿐 아니라 화학비료의 사용과 함께 고수량 품종을 식재하여 2억 3000만 톤을 수확, 1969년의 2억 2000만 톤을 상회하는 기록을 세웠다. 1970년대 이후 수량이 계속 늘었고, 1978년 이후에 수량 도약의 계기를 마련하였다(Douglas, 2015).

1.6.5. 한국

다수성 품종을 육종하기 위해 국제미작연구소와 협력하여 아열대인 필리핀에 겨울철에 1,000~3,000계통을 세대촉진을 시킴과 동시에 우량품종의 종자증식 사업을 실시하여 1년 만에 15만 4,000~31만 6,000ha의 농가에 보급하였다. 통일형과 일반형의 보급과 식량증산정책을 통해 쌀 자급을 달성하였다(식량과학원, 2015).

통일계 벼의 보급을 국가적 사업으로 보급·확대하면서 논면적 중 인디카 계통(통일벼)의 재배면적이 증가하여 1971년에 0.02%를 시작으로 1974년에 15.2%, 1976년에는 44.6%, 1978년에는 76.2%, 1981년에는 26.5%를 차지하게 되었다. 그러나 1978년을 정점으로 점유율이 하락했다. 쌀 자급률은 1973년에 83%, 1975년부터 1979년까지는 쌀의 완전자급이 가능했으나, 그후 다

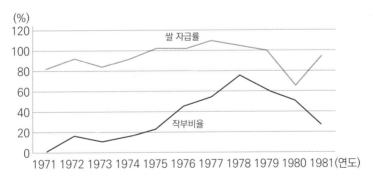

>>그림 1.16. 통일벼의 작부비율 및 쌀 자급률 변화

출처: 식량과학원, 2015.

시 떨어졌다. 통일벼 재배를 통하여 쌀 자급률 제고에 크게 기여 하였는데 1972년에는 92%, 1975년에는 101%, 1977년에는 109%를 기록하였다.

한편 통일벼 재배가 일반벼(자포니카형)로 전환된 1981년에는 94%의 자급률을 보였는데, 특히 1980년에는 냉해 및 병충해가 발생하여 수량이 저조하였고 그 결과 쌀 자급률이 65%까지 급락 하였다(식량과학원, 2015).

〈표 1.12.〉에 따르면 1970년 농가소득은 25만 5,000원이고 도 시 노동자 소득은 38만 1,000원으로 농가소득이 도시 노동자 소 득의 67.1%에 해당했다. 그러나 통일벼를 재배하면서 농가소득 이 점차 높아져서 1974년에는 농가소득이 67만 4,000원, 도시 노 동자 소득이 64만 4,500원으로 농가소득이 도시 노동자 소득을 상회하였다. 이러한 결과는 1976년까지 계속된 것으로 나타났다. 1977년 농가소득은 가구당 139만 5,000원 중 76%가 농업소득이 고 이중 75%가 쌀 생산에서 얻은 것이었다.

>>표 1.12. 농가소득과 도시 노동자 연소득 비교

연도	농가소득	도시 노동자 소득	비율	비고
1970	255,804	381,240	67.1	
1972	429,394	517,440	83.0	
1974	674,451	644,500	104.7	1974년 3000만 석 돌파
1976	1,156,245	1,151,760	100.4	
1977	1,395,000	1,294,000	107.8	

출처: 농촌진흥청 북방농업연구소, 2011.

>>표 1.13. 통일벼와 일반벼의 경제성 비교 분석

(단위: 10a)

비목		통일벼		일반벼	
		수량	금액(원)	수량	금액(원)
조수익	주산물	500kg	54,000	384kg	41,856원
	부산물	400	2,000	460	2,760
	계(A)		56,000		44,616
농가 지출	종자대	3kg	270	3kg	270
	비료대	981kg	3,221	619kg	2,053
	농약대	8회	800	7회	700
	축력비	9시간	630	9시간	630
	고용노력	6인	4,200	5인	3,500
	기타		1,759		1,759
	자기노력	9인	6,300	8인	5,600
	토지용역	5,786	5,786		5,786
	자본용역	754	754		754
	계(B)	23,720	23,720		21,052
순수익(A-B)			32,280		23,564

출처: 조동후, 1972.

통일벼와 일반벼의 경제성 비교는 다음에 제시하는 〈표 1.13.〉과 같다.

〈표 1.13.〉에 따르면 통일벼 재배 시 비료 및 노력비가 더 들었지만 증수로 통일벼가 일반벼보다 10a당 수입이 8,716원 더 많았다.

세계 기아인구의 31%인 2억 5400만 명이 동아시아에 거주하고 있다. 제1의 녹색혁명이 이들에게 식량을 원활하게 공급하는데 얼마나 기여했는지에 대한 의문은 여전히 남아 있지만, 개도국의 인구증가에 필요한 식량증산에 기여했다는 점은 틀림없는 사실이다. 빈곤층은 엥겔지수가 높아 전체 가계비 중 식비가 차지하는 비율이 높다. 식량공급이 수요에 따라가지 못하여 식량가격이 폭등하게 되어 화폐임금을 올려야 하므로 공업발전을 기초로 하는 경제발전에 커다란 장애가 된다. 식량가격의 폭등은 도시 노동자뿐만 아니라 토지가 없는 농업 노동자인 농촌의 빈곤층에도 문제가 된다.

또한 인구증가율이 높아질 때의 문제점은 고용이다. 제1의 녹색혁명은 고용창출이라는 점에서도 일조하였다고 할 수 있다. 관행재배에 비하여 신품종 재배가 이식, 제초, 병충해 방제, 수확 등에 노력이 더 많이 들어가고, 또한 이모작이 가능한 경우에는 농지 단위면적당 고용흡수력이 두 배 이상 신장하게 된다. 화학비료나 농약 등 투입재의 유통과정뿐 아니라 쌀과 밀의 가공 및 유통 등 연관산업에서의 고용창출도 중요하다. 이러한 현안은 공업화가 본격적으로 이루어지기 전의 제3세계 나라들로 동남아시아 혹은 남아메리카 등에서 볼 수 있다.

인구폭발이 수반된 노동인구의 증가는 농촌의 노동시장에서 노동공급을 증가시켜 임금을 하락시킨다. 한편 녹색혁명으로 인한 노동 수요의 증가는 임금인하를 방지하는 효과가 있다. 이와 같이 양자의 관계는 지대나 임금의 분배에 영향을 미쳐 지주나 소작농의 소득분배를 결정하는 중요한 요인이 된다. 결론적으로 말하면 인구폭발이 일어나면 녹색혁명과 같은 기술혁신이 아닌 경우에는 소득분배의 불균형이 큰 데 반해 기술혁신이 이루어진 경우에는 소득불평등이 오히려 축소되는 경향이 있다고 하는 학자도 있다(生源寺眞 외, 2011). 인구폭발은 임금상승률을 하락시켜 농촌의 소득분배를 악화시키는 방향으로 움직이며, 녹색혁명이 계속되면 소득분배는 저절로 개선되는 효과를 얻을 수 있게 된다는 것이다.

위와 같은 논리는 멕시코, 인도나 파키스탄, 필리핀에서는 적용될 수 있으나 한국의 상황은 이 이론을 적용시킬 수 없다. 즉, 녹색혁명 전후의 한국의 인구증가율은 1950년대에는 평균 2.9%이고 그뒤 1970년에는 2.31%, 1980년에는 2.75%로 낮아지게 된다. 또한 1960년대 인구 중 농업인구는 1960년에 66.4%, 1965년에는 59.6%, 1970년에는 51.6%, 1975년에는 46.4%, 1980년에는 32.3%로 해가 갈수록 농업인구의 비율이 줄어들고 있었다. 당시 소위 농공병진정책을 추진하였으나 공업 우선이었으며 한국의 증산체제는 공업 부문의 고성장을 지속적으로 뒷받침할 수 있는 내수기반을 농촌에서 다진다는 의미가 있었고, 공업 부문이 1960년대와 1970년대에 걸쳐 농촌의 실업인구를 왕성하게 흡수하여 농촌의 실업문제를 농업발전으로 해결해야 한다는 점에서 멕시코 및 동남아시아의 상황과는 사뭇 다른 환경에 있었기 때문이다(김태호, 2009). 또한 〈표 1.13.〉에서 보는 바와 같이 통일벼 재배가 일반벼 재배에 비해 자가 및 고용노동력이 1인 정도밖에 차이가 나지 않기 때문에 통일벼 재배로 인한 유휴노동력 흡수는 의미가 없다고 보여진다. 이와 같은 사실은 〈그림 1.17.〉에도 잘 나타나 있다. 즉, 제1의 녹색혁명 추진 전후(1962~1981) 당시 한국 전체의 경제성장률이 8.3%인 데 비하여 농업 부문은 3.7%에 지나지 않았다는 결과와 〈그림 1.17.〉이 일치한다. 동남아시아가 1~5%인 반면 한국과 싱가포르는 8.9%와 7.9%를 나타내고 있어 대조를 보이고 있다.

이러한 결과로 볼 때 일본학자(生源寺眞 외, 2011)가 주장한 녹색혁명이 노동력을 흡수하거나 인구폭발로 인한 지대상승은 한국과 같은 개발도상국의 상황에서는 맞지 않는 이론이라 할 수 있다.

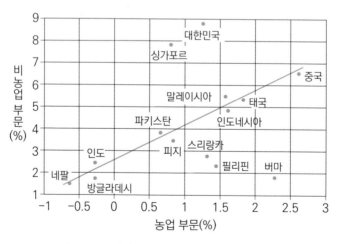

>>그림 1.17. 1인당 농업 GDP와 비농업 GDP의 성장률

출처: Conway, Ruttan and Sorageldin, 1998.

권용대. 2017.《농업기술경제의 이해》. 충남대학교출판문화원.

권원달. 1973. 〈世界의 米穀經濟와 綠色革命〉.《고대 논문집》 7. pp. 273~302.

김윤환. 1985.《한 알의 종자가 세계를 바꾼다》. 농진회.

김윤희. 2012. 〈냉전기 아시아 녹색혁명의 세계정치: 초국적 기술-지식네크워크의 구축과 개도국 사회개발의 실험〉. 서울대학교대학원 석사학위 논문.

金寅煥. 1978. 〈벼 新品種의 開發과 普及〉.《韓國의 綠色革命》. 農村振興廳.

金宗炫. 1991.《農業革命과 近代化》. 서울대학교 경제연구소 30. pp. 377~386.

김종호. 2014.《통일벼와 통일형 벼 품종! 우리에게 무엇을 남겼는가》. 금성그래픽.

김태호. 2009. 〈통일벼와 증산체제의 성쇠: 1970년대 '녹색혁명'에 대한 과학기술사적 접근〉.《역사와 현실》 74. pp. 113~145.

金炯坤. 1996. 〈미국의 적색공포(1919~1920)에 관한 연구〉. 中央大學校 大學院.

김호언. 1997. 〈농업혁명론의 쟁점들〉.《울산대학교 인문논총》 12. pp. 77~91.

농촌진흥청 북방농업연구소. 2011.《한국의 녹색혁명-벼 통일형 품종의 개발과 보급》. 농촌진흥청 북방농업연구소.

藤卷宏·鵜飼保雄. 金寅換 역. 1987.《世界를 바꾼 작물》. 농진회.

레스터 브라운. 金寅煥 역. 1973.《綠色革命: 1970年代의 展望》. 農村振興廳.

로이드 에반스. 성락춘 역. 2008.《백억인구 먹여살리기》. 고려대출판부.

박종범. 2016.《과학사의 이해》. 형설출판사.

손기철·이종섭. 1998.〈실내식물 및 색채 자극이 시각 선호도 및 정서 반응에 미치는 경향〉. 원예학회 구두발표.

식량과학원. 2015.《식량과학 50년사》. 생각쉼표 휴먼컬처 아리랑.

21세기연구회. 정란희 역. 2004.《하루밤에 읽는 색의 문화사》. 예담.

이양호. 2015.《밀》. 농촌진흥청.

이점호. 2018.《국가농업과 식량안보정책》. 한국과학기술단체총연합회.

이종섭·손기철. 1999.〈실내식물 및 색채자극이 대뇌 활성도 및 감정 반응에 미치는 영향〉. 한원지 40(6). pp. 772~776.

이중웅·이두순. 1982.〈농업혁명은 가능한가?〉.《해외농업자료 23》. 농촌경제연구원.

이학동. 2011.《옥수수》. 농촌진흥청.

조동후. 1972.〈식량증산과 경제자립, 녹색혁명을 통한 농민개발을〉. *General Financial Magazine Monthly* 123.

조수행·박내경. 1994.〈양질미의 육종의 성과와 방향〉.《작물품종개량육종》. pp. 143~154. 박내경 장장정년 퇴임기념 발갈추진위원회.

조재영. 1971.〈녹색혁명〉.《고대문화》 12.

최몽룡. 1977.〈농업혁명〉.《전남대학교 호남문화》 9. pp. 173~191.

최양부. 2010.〈농업을 다시 생각한다―농업의 의미와 원죄에 대한 윤리적 성찰〉. 한국 유기농업학회 정기총회 및 하반기 학술대회.

최현옥. 1978.〈한국수도육종의 최근의 진전〉.《한작지》 10(3). pp. 201~238.

한용희. 1985.《혁명의 이론과 역사》. 대왕사.

山田實箸. 2007.《作物の一代雜種: ヘテロシスの科學とその周邊》. 養賢堂.

生源寺眞·藤田行一·秋田重誠·松本總·谷內透·若林久嗣·淸水誠·上野川修一. 2011.《人口と食糧》. 朝倉書店.

岩渕孝. 2010.《有限な地球》. 新日本出版社.

荏開津典生. 1994.《飢餓と飽食》. 講談社.

鵜飼保雄·大澤 良. 2010.《品種改良の 世界史》作物編. 悠書館.

Conway, Gorden, Vernon Ruttan and Ismail Sorageldin. 1998. *The Doubly Green Revolution*. Cornell University Press.

Douglas, Hurt R. 2015. "Green Revolution in East Asia."《동서인문》3집. 경북대학교 인문학술원.

Gaud, W. S.. 1968. "The green revolution: Accomplishments and apprehensions." paper delivered at meeting of the society for international development. Washington DC.

Harwood, Jonatan, 2012. *Europe's Green Revolution and others since*. Routledge.

Hayami, Yujiro and Masao Kikuchi. 2003. *A Rice Village Saga. Three Decades of Green Revolution in the Philippines*. IRRI.

Marcel, Mazoyer and Laurence Roudarf. James H. Memberz trans. 2006. *A history of world agriculture from the Neolithic Age to the Current Crisis*. Monthly Review Press.

Troyer, A. F. 1999. "Background of U. S hybrid corn." *Crop Sci*. 39. pp. 601~626.

Paarlberg, Robert L. 2013. *Food politics*. Oxford.

Perkins, John H. 1997. *Geopolitics and the green revolution: Wheat, genes, and the cold war*. Oxford University Press.

Shiva, Vandana. 2016. *The violence of the green revolution*. The University Press of Kentuky.

제2의 녹색혁명, 유전자혁명

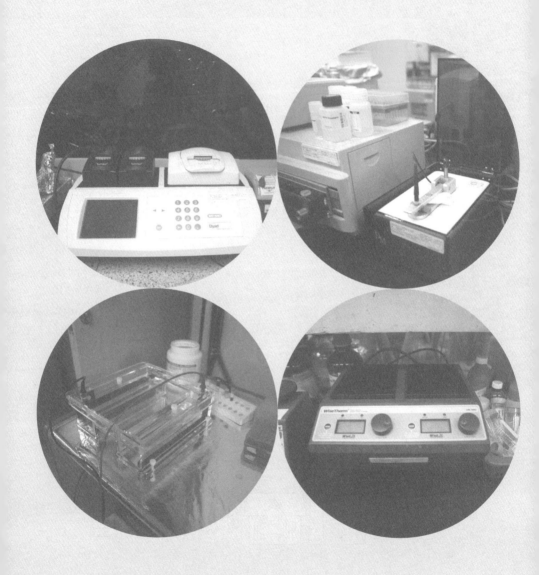

들어가기

제2의 녹색혁명은 한국에서 녹색혁명이 완수되었다고 선언한 1978년, 김인환 전 농촌진흥청장이 저술한 《녹색혁명》 마지막 부분에서 언급되기 시작하였다. 그는 벼의 성공사례가 옥수수, 밀, 대두에서 신품종을 육종할 수 있는 희망과 가능성이 있었다고 주장하면서 쌀의 녹색혁명 성취는 밭작물에서 제2의 녹색혁명으로 식량의 자급자족을 달성할 수 있다는 확신을 갖게 되었다고 기술하고 있다. 그후 허문회는 '생물공학을 이용한 제2의 녹색혁명'이라는 심포지움에서 내충성 작물의 개발로 농업노동자의 생산성을 공업에서와 같은 수준으로 높일 수 있을 때 제2의 녹색혁명이 될 것이며, 당시의 유전자혁명이 불과 10년의 역사에 불과했지만 제2의 녹색혁명은 각기 다른 분야에서 여러 형태로 나타나 긍정적 또는 부정적인 영향을 미칠 것임을 시사한 바 있다.

그후 여러 가지 기법으로 유전자를 변형시켜 인간의 의지대로 조작할 수 있는 시대가 열렸으며, 이러한 기술이 작물의 증수에 크게 기여할 제2의 녹색혁명으로 천명된 것은 생물의 특성을 나타내는 형질이 여러 유전자가 함께 뭉쳐 작용한 것이 아니라 개개의 유전인자에 의한 것임이 밝혀진 지 거의 100년도 더 지나서였다. 그후에도 대대손손 전달되는 유전의 실체를 밝히려는 노력이 계속되었다.

유전자는 염색체 내의 염기에 존재하며 이중나선의 사다리 구조에 네 개의 염기가 번갈아 뒤틀려 가며 꼬여 있는 곳에 존재하는 것으로, 이를 형상으로 그려낸 것은 왓슨과 크릭이다. 생물의 특성을 결정하는 물질이 단순히 4개의 염기이며, 이들의 배열 차이에 의해 그들의 특성이 결정된다는 사실이 알려진 이후에 필요한 DNA를 연결하는 접착기술, 절단하는 제한효소를 발견하고 이어서 DNA의 작은 조각을 증폭하여 식별하고 분리하는 기술로까지 발전하였다. 이러한 기술을 바탕으로 하여 유전자를 재조합하는 기술에 도전하게 되었다. 원숭이의 바이러스(SV40)의 DNA와 람다 파지의 DNA를 이용하여 재조합 DNA를 만들고, 이에 재조합 DNA를 박테리아에 집어넣을 수 있게 된 것이다.

이러한 발전을 토대로 DNA 조각을 숙주세포에 도입하여 형질이 전환된 세포를 만드는 기술, 유전자은행을 이용하여 원하는 유전자를 찾는 방법, 유전자 염기서열을 결정하는 기술, 나아가 유전자지도를 만들어 유전자의 세밀화 작업을 통해 지도상의 상대적인 위치를 파악하는 방법 등이 개발되어 원하는 생물체를 만드는, 신의 영역에 도전하는 일이 가능해졌다.

이러한 유전자 변형 생명체를 이용하면 작물의 생산성을 획기적으로 증가시키거나, 잡초 제거를 용이하게 하거나 해충을 용이하게 방제하여 생력적인 영농방법으로 발전시킬 수 있지 않을까 하는 생각을 토대로 연구가 계속되었다. 살충제 성분 단백질을 생산하는 유전자 조작 담배를 시발로 하여 바이러스에 내성을 갖는 담배, 이어서 유통기한을 늘리기 위한 유전자가 변형된 토마토 등이 개발되었다.

이러한 유전자 변형 작물이 생력화를 통한 노동력 절감, 농약 사용량의 감소 등 농업생태계 기여 등 긍정적인 효과가 있는 것도 사실이다. 그러나 부정적인 견해 또한 상존하고 있다. 유전자 변형 농작물에 대한 안전성 문제, 소비자의 선택권 문제, 유전자 오염에 대한 우려가 그것이다.

　뿐만 아니라 이러한 유전자 조작 기법을 사용해 만든 작물이 소농의 생활을 윤택하게 하는 데 기여했는가? 점증하는 인구의 식량문제의 근본적인 해결책인가 등에 대한 논란은 계속되고 있다.

2.1. ⓔ 유전자

2.1.1. 고대의 부모 형질유전에 대한 생각

　어떻게 자식이 부모를 닮는가에 대한 논쟁은 2,500년 전부터 시작되었다. 그 핵심은 정원론(精原論)이었다. 이것은 피타고라스의 생각으로 정액은 남성의 체내를 순환하면서 자신의 모든 유전 형질을 획득한 유전정보가 성교 시 정액의 형태로 여성에 전달된다는 것이 요지이다. 여기에서 형질은 구체적으로 키, 눈의 색깔, 얼굴, 귀의 형태 등을 말한다. 한편 여성의 몸속에 들어간 정액은 여성의 영양을 받아 태아로 성장하게 된다고 생각했다. 그후 그의 제자들은 이 논리를 더 발달시켜 유전을 삼각형의 원리로 설명하면서 두 변은 부모, 밑변은 자식이라는 이론으로 발전시켰다.

또 다른 유전에 대한 근대 과학 이전의 생각은 전성설(前成說)이었다. 이는 기독교적 유전관으로 인간은 태초에 아담의 고환에서 비롯되었으며, 이것은 원죄로 대대손손 이어진다는 것이다. 즉, 유전형질은 이미 만들어져 전해 내려올 뿐이라는 논리이다.

한편 아리스토텔레스는 태아는 남성의 정액과 여성의 정액이 합쳐져 발달하는데, 여기서 남성의 정액은 운동 원리에 입각한 작용을 한다고 주장하였다. 남성의 정액은 유전암호와 같은 역할을 하고, 여성의 난자는 영양물질을 제공한다고 본 것이다. 이러한 생각은 17세기 현미경이 발달하면서 정자의 두부는 사람의 머리로 미부는 머리카락으로 묘사되기도 하였다(싯다르다 무케르치, 2018).

2.2. 멘델 전후 유전자 연구

17세기 말 독일의 퀼로이터는 식물이 번식하려면 꽃가루와 난자가 수정해야 한다는 것을 실험으로 입증하였고, 어떤 세대의 잡종은 조모와 조부 세대의 특징 중에 F_1 부모에서 그 특징이 1:2:1의 비율로 나타난다고 발표한 바 있다(에드워드 에델슨, 2002).

멘델은 7년 동안 약 2만 4,000개나 되는 완두를 재배하여 시험 데이터를 만들었고, 1865년 융합인자가 아닌 단위인자가 각 유전형질을 지배한다고 발표하였다. 그러나 35년 동안 그의 업적은 진가를 인정받지 못했는데 가장 큰 이유는 당시 생물학 연구에서는 통계적 분석을 하지 않았고 단위인자를 가지고 설명한 그의 연구가 당시 유행하던 융합유전설을 뒤집을 수 없었기 때문이다.

멘델의 발표 이후, 1879년 플레밍(Flemming)은 도롱뇽의 세포핵에서 염색체를 검출하였고, 1900년에 더 프리스, 코렌스, 체르마크가 멘델의 연구를 재발견하였다. 네덜란드의 더 프리스(Hugo de Vries)는 1890년대에 달맞이꽃의 씨 5만 개를 받아 수년 동안 실험하여 800가지의 변이체를 발견하고 이를 돌연변이체(이는 변화라는 라틴에서 유래)라고 하였다. 그는 20년 동안 연구한 후 멘델의 유전법칙을 인정하였다.

동시대에 오스트리아의 체르마크(Tschermark)와 독일의 코렌스(Correns)는 완두콩을 비롯한 여러 가지 식물을 연구재료로 하여 각기 독립적으로 연구한 후에 멘델과 똑같은 실험결과를 얻었고, 자신들의 논문에 멘델의 논문을 인용하였다. 이들의 업적을 '멘델의 법칙의 재발견'이라고도 하며, 이를 토대로 유전학 발전의 토대를 쌓기 시작하였다.

비슷한 시기에 영국의 베이트슨(Bateson)도 독자적인 교배시험을 통해 멘델의 연구가 정확했음을 확인하였다. 그후 그는 유전학(그리스어의 낳다란 뜻)이란 단어를 착안하였다. 그는 유전자 조작에 인류가 개입할 가능성을 인지하는 만약 그런 일이 일어난다면 엄청난 충격을 줄 것이며 그것이 긍정적일지 부정적일지는 예단할 수 없다고 하였다.

또한 1902년 미국의 서턴(Sutton)과 독일의 보베리(Boveri)는 감수분열 과정에서 염색체가 분리되는 것을 보고 유전자가 염색체 속에 있다는 유전자의 염색체설을 제안하였다. 뿐만 아니라 1915년

모건(Morgan)은 초파리를 이용하여 실험한 결과를 토대로 유전자는 염색체에 존재한다라는 '유전의 유전자설'을 발표하였다. 이와 함께 감수분열 시 유전자가 부모의 양쪽에 형성된다는 과정이 밝혀지면서 그의 발견이 유전의 기본원리로 받아들여졌다(박순직 외, 2013).

2.3. 20세기 전반의 유전물질 탐구

2.3.1. 유전물질

유전물질은 분열하지 않는 세포의 염색체 안에 있다. 염색체는 세포핵 안에 가느다란 실 모양으로 풀어져 있는 염색사가 뭉쳐 있는 모습을 하고 있다. 염색사는 염색이 되는 실이란 뜻으로, 유전물질과 단백질로 구성되어 있으며 유전물질 속에는 생물의 특징을 결정하는 유전정보가 담겨 있다. 염색체는 생물에 따라 그 수와 모양이 다르지만 쌍으로 존재한다. 그래서 이러한 형태의 염색체를 상동 염색체라고 한다. 염색체는 세포분열에 앞서 복제되고 딸세포는 동일한 염색체를 부모로부터 물려받는 유전자를 갖게 된다. 여기서 잘못 이해하고 있는 한 가지는 유전자와 DNA를 동일하다고 이해하는데, 실제로는 DNA 사슬에 특정 형질을 결정하는 수많은 유전자가 존재한다.

염색체는 핵산(核酸)과 단백질로 구성되어 있는데, 핵산의 존재는 19세기 중엽 스위스의 생물학자 프리드리히 미셰르(Friedrich Miescher)가 세포핵에서 인이 함유된 가느다란 실 같은 물질을 발견하고는 이것을 핵산이라고 명명한 바 있다. 그러나 핵산과 단백질 중 어떤 것이 유전을 지배하는지에 대한 연구는 1944년에서야 밝혀졌다. 염색체는 핵산과 단백질로 되어 있고 핵산은 그 맛이 시다 하여 핵산이란는 이름이 붙었다. 유전공학 재료로 많이 사용되었던 대장균을 분석한 결과 70%가 수분, 4%가 이온과 분자량이 작은 화합물이며, 나머지 26%는 생체고분자로 단백질 15%, RNA 6%, 당 2%, DNA 1%이며 인간의 세포도 이와 크게 다르지 않다. 그중 DNA는 염기(鹽基)라 하여 유전의 중심물질이 된다(森和俊, 2018).

실험실 내에서의 DNA 추출은 세포를 둘러싸고 있는 막을 알칼리 용액으로 녹인 후 위로 떠오르는 맑은 액체를 중화시킨 다음, 여기에 다시 염과 알코올을 가하면 실 모양이 나타나는데 이것이 유전의 실체인 염기(DNA)이다. 이 실 모양의 물체에 열을 가하면 연결고리가 끊어지고 물체가 진주 모양으로 흩어지는데, 이것이 DNA이다(후쿠오카 신이치, 2008).

그런데 유전자의 핵심이라고 여겨졌던 단백질과 DNA는 그 구조가 흡사하지만 단백질은 긴 끈에 아미노산이라는 염주가 연결된 형상으로, 이 끈에 20개나 되는 아미노산이 붙어 있는 구조이다. 따라서 매우 다양한 활동이 가능한데, 생명체를 작동시키고 제어하고 반응시키는 작용을 한다. 반면 DNA는 유전정보만 갖고 있을 뿐이다. 이들의 대응관계는 〈표 2.1.〉에 잘 드러나 있다.

고분자	구성단위	종류	담당 기능	존재 위치
DNA(핵산)	뉴클레오티드 (염기)	4종	유전정보	원핵생물: 세포, 플라스미드 진핵생물: 미토콘드리아, 엽록체
단백질	아미노산	20종	생명활동	단백질

출처: 후쿠오카 신이치, 2008.

2.3.2. DNA의 구조

　DNA가 유전물질의 요체라는 사실이 밝혀졌으나 실제로 이 물질의 성분에 대해 본격적인 연구는 1949년 샤가프(Chargaff)였다. 그는 생물의 종류에 따라 DNA의 구성성분이 차이가 나며, 또한 염기 A, C, T, G 성분의 상대적인 양과 비율이 다르다고 하였고, 이 4개의 염기 중 A와 T 몰(mole)과 G와 C 몰수가 동일하다고 발표했다. 그뒤 윌킨슨(Wilkinson)과 로잘린드 프랭클린(Rosalind Franklin)은 DNA 결정체에 X선을 조사하여 DNA 바깥쪽이 인산 구조를 가진 두 가닥의 형태로 되어 있음을 밝혔으나 그것이 무엇을 의미하는지 알지 못했다. 크릭과 왓슨은 영국의 화학자로 로잘린드 프랭클린의 X선 회절분석을 보고 DNA가 이중나선 모양으로 꼬인 두 개의 가느다란 가닥으로 된 구조라고 추론하였다. 후에 왓슨과 크릭은 이중나선을 고안해 냈다. 당시 그들이 고민하였던 것은 분자의 핵이 분열할 때 2배로 늘어나게 되는데, 각각의 딸세포는 어미가 갖는 완벽한 DNA 분자를 가질 수 있는 구조를 유추하여 만들어야 했기 때문이다.

그들이 발표한 이중나선은 유전자 혁명의 단초가 되었을 뿐 아니라 유전에 대한 결정적(結晶的) 제안은 현대분자생물학의 기초가 되었다. 1953년 《네이처》에 〈핵산의 분자구조: 디옥시리보핵산의 구조(DNA의 구조)〉라는 제목으로 실린 그들의 논문은 2쪽, 128줄, 842개의 단어로 구성된 아주 짧은 글이었으나 21세기의 생물학을 뒤흔든 일대의 사건의 서막을 여는 논문이었다.

2.3.3. 이중나선(double helix)

DNA는 어떤 모양으로 존재하는가? 먼저 사다리를 상상해 보자. 사다리는 긴 기둥(각목) 2개 사이에 몇 개의 가로장을 일정한 간격으로 대고 못을 박거나 홈을 파서 고정시킨 것으로 높은 곳을 오르는 데 쓴다. 이중나선(二重螺線)이란 이 사다리를 뒤틀어 놓은 상태라고 상상하면 된다. 즉, 사다리의 긴 기둥은 인산과 디옥시리보오스라는 당(5탄당)이 되고, 발판은 염기라고 부르는 A(아데닌), T(티민), G(구아닌), C(시토신)로 구성되어 있다. 육안으로 볼 수 없는 아주 작은 사다리로 기둥과 기둥 사이는 2나노미터(nm), 염기와 염기 사이는 0.34nm, 사다리가 1회 감기는 길이는 3.4nm이다. 막대가 끝없이 이어져 뒤틀려져 있고 여기에 염기가 연결된 상태가 이중나선에 매달려 있는 DNA이다. 여기서 나노미터란 1/100만 mm로 아주 작은 길이며 한 개의 세포 속의 꼬여 있는 DNA를 늘이면 약 2m이며 성인의 세포가 60조 개라고 가정하면

DNA의 총길이는 약 60조×2m가 되어 지구를 3만 번 휘감을 수 있는 길이가 된다.

한편 염기와 염기 사이는 수소결합으로 되어 있고 네 염기는 자기 짝이 있어서 짝끼리만 결합되어 있다. 즉, A와 T, C와 G끼리만 짝이 되며 쌍으로 붙어 있는 형태로, 이를 상보적이라고 한다. 즉, 서로 보완적 관계에 있다는 뜻이다. 이를 염기쌍이라고 한다.

〈그림 2.1.〉(b) DNA 평면구조에서 그 배열은 CATTGA이다. 네 개의 염기 A, T, G, C를 문자로 생각하고 이들이 어떤 순서로 배열되어 있는가 하는 문자정보를 염기서열이라고 생각하면 된다. DNA 유전정보는 DNA 염기서열이라고 해도 지나친 말이 아니다.

진핵동물의 유전자는 핵 속의 염색체에 있는데, 이들의 기본구

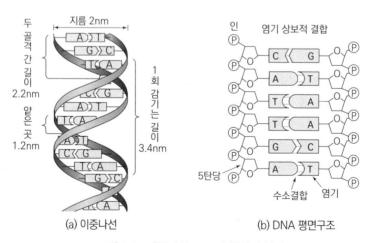

(a) 이중나선   (b) DNA 평면구조

≫그림 2.1. 이중나선 구조 및 핵산의 염기

조는 염기(DNA)에 있으며 이는 4개로 구성되어 있고, 이는 한글의 자음과 모음과 같이 문자를 만드는 기본구조이다. 여기서 문자란 구체적으로 아미노산을 만드는 유전암호를 지령하는 코돈으로 세 개의 염기가 한 개의 아미노산을 지정한다. 이 아미노산이 모

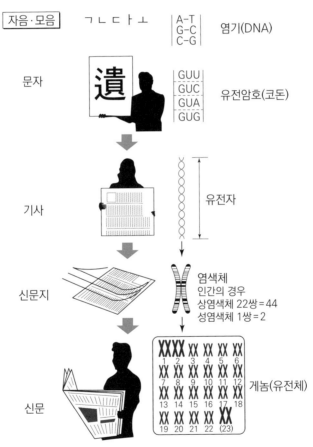

>> 그림 2.2. 유전정보 물질의 이미지

출처: 元木 一朗, 2011의 그림 개조.

여서 단백질(호르몬 등)을 만들고 이들이 유전현상을 발현시킨다.

〈그림 2.2.〉에서 보는 것과 같이 ㄱ, ㄴ, ㄷ과 같은 자음이나 ㅏ, ㅗ와 같은 모음은 문자를 이루는 기초이나 이것만으로는 아무런 의미가 없고 이들이 서로 결합해야 글자가 된다. 그리고 한 자한 자의 글자가 결합하여 단어가 되어야 의미가 통하므로 유전암호로 세 개의 염기가 모여 암호 역할을 하여 하나의 아미노산을 지정하게 된다.

그리고 이들은 유전자 역할을 하는 기사가 되는데, 유전자는 염색체에 들어 있다. 염색체는 생명의 기능이 가능토록 조정하고 지시하는 총체적인 사령부라고 할 수 있는데 이를 게놈(유전체)이라고 한다. 사람들이 사회현상을 이해하고 종합적인 판단을 하려면 기사가 모두 모여 있는 신문 전체를 읽어야 하듯, 게놈은 생물의 전체 기능을 조정하는 컨트롤 타워와 같은 역할을 한다.

2.4. ◉ 유전자, 단백질 설계도

염기인 A, T, C, G가 어떻게 생물의 형질로 발현될 수 있을까? 인간은 32억 4000만 개의 염기쌍으로 되어 있는데 일란성 쌍둥이를 제외하고는 모두 키와 눈과 피부, 털색깔이 다를 뿐 아니라 수명이나 각종 질병 등이 DNA에서 비롯된다. 그 이유는 무엇일까? A라는 유전자는 동물의 털색깔, 또 B 유전자는 털의 길이를 결정하고, C 유전자는 종실의 단백질이나 탄수화물 양을, D 유전자는 식물의 키나 잎의 크기를 조절한다.

단백질은 아미노산이라는 분자가 기본단위로 되어 있고, 총 20 종류로 구성되어 있다. 단백질을 구성하는 아미노산의 배열방법(아미노산 서열)이 DNA의 문자정보(염기서열)로 저장되어 있다. 엄청난 수의 DNA 염기서열 중에 단백질의 아미노산 서열을 지정하는 곳을 유전자(gene)라고 한다.

유전학적 표현으로 유전자는 어떤 단백질을 만들 최종 분자형태를 지시하고, 이 단백질을 구성할 정보를 통해 작동하여 그 유전적 형태를 만들기 때문이다. 여기서 최종 분자란 아미노산을 의미한다. 인간이 가진 약 32억 개의 염기쌍이 모두 유효한 것은 아니며, 99%는 인트론(intron)이라고 하는 DNA이고, 유전자 형질 발현에 직접적으로 작용하는 DNA는 전체의 1% 정도밖에 되지 않는다. 이 의미 있는 염기를 엑손(exon)이라고 한다. 유전자는 단백질의 유전자 배열을 지정하는 것이며, 따라서 생물에는 각기 그 기능이 다른 단백질이 몇 개나 존재하는지가 중요하다.

인간의 경우 약 60조의 세포를 가지고 있으며 단백질의 종류만 해도 200가지가 넘는다. 즉, 각각의 세포는 각기 다른 단백질

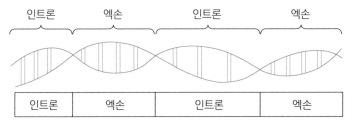

>> 그림 2.3. 엑손(의미 있는 DNA)과 인트론(거의 무의미한 DNA)으로 구성된 염기

을 만들고 있다. 예를 들어 췌장 세포는 여러 가지의 소화효소를 만들어 장에 방출, 음식물을 소화하여 영양이 되도록 하는 역할을 한다. 반면 알부민은 간과 장의 세포에서 합성, 혈액 속으로 방출 되고 있다. 알부민은 혈액 속에 가장 많이 들어 있으며, 여러 가지 물질을 운반하거나 삼투압을 조절한다. 췌장 세포는 알부민을 만 들 수 없고 간과 장의 세포는 소화효소를 만들 수 없다. 분업이 이 루어지고 있으며 이러한 작용은 세포의 종류에 따라 스위치를 켜 고 닫을 수 있는 장치가 있기 때문에 가능하다(森和俊, 2018).

DNA가 생물의 설계도로 사용되는 유전물질인 반면 단백질은 생명현상을 지탱하는 각기 다른 화학반응을 촉매, 진행시키거나 반응을 일으키는 발판 역할을 한다. 호르몬도 단백질이며, 이 물 질은 내분비계에서 생산되어 혈류를 타고 표적기관에 운반되어 생리적 반응이 일어나도록 한다. 효소 또한 단백질로 생체 내에서 촉매작용을 한다. DNA의 반보존적 복제반응을 촉매하는 것은 DNA 중합효소라는 효소이다. 그리고 콜라겐과 같은 체조성이나 병원균 등과 대항하는 항체 역할을 한다. 36~37℃의 체온에서도 화학반응을 효율적으로 진행시킬 수 있는 것은 효소의 역할 때문 이다. 평균적으로 포유류의 세포 중에는 효소가 약 3,000종류 있 으며, 가장 간단한 세균에도 수백 종류가 있다. 효소가 생명체 구 동의 기본적인 역할을 한다.

DNA는 정보를 운반하며, 이 정보를 기반으로 생물의 기능을 작동시키는 것은 단백질이 담당한다. 병원성을 유발하는 독소나 병원균 감염에 작용하는 분자는 모두 단백질이다. 단백질은 20개의 아미노산으로 구성되어 있고, 이들 각각의 아미노산이 모여 단백질이라는 고분자화합물을 만들 수 있도록 하는 역할 역시 DNA가 한다. 결론적으로 말하면 3개의 DNA 염기가 하나의 아미노산을 지정한다. 이 3개의 염기조합을 코돈이라고 한다. 4종류의 염기에서 3종류의 배열을 선택하면 64(4×4×4)가 되기 때문에 20개(3×20＝60개의 염기)의 아미노산을 지정할 수 있다. 영어 알파벳은 26개 문자, 한글은 자모음 24개, 일본어는 가나 문자와 탁음과 반탁음으로 표시할 수 있도록 되어 있는데, 지구상의 모든 생물의 설계도는 DNA를 구성하는 4종류의 문자로 표시되어 있다. 이 4개의 문자(염기)를 가지고 생명체의 유전정보를 담당한다.

유전암호인 코돈이 지구상의 모든 생물에 공통적이라는 것은 지구상의 생물이 공통 조상에서 파생되었음을 암시한다. 유전암호가 공통이므로 인간 세포에서 꺼낸 인간의 유전자를 대장균에 넣으면 대장균은 인간의 유전자 암호를 해독하고 (AUG는 사람과 대장균에서 모두 메티오닌을 지정하고 있다.) 인간의 단백질을 만든다. 대장균은 20분마다 분열하기 때문에 하루 만에 세포가 엄청난 숫자로 증가한다(森和俊. 2018). 따라서 인간이 필요한 인슐린 대장균에서 다량으로 얻을 수 있다. 즉, 인간의 세포에서는 조금밖에 얻을 수 없는 단백질을 유전자 조작 기법을 이용하여 대장균을 매개로 하면 대량생산이 가능해진다. 즉, 인슐린 합성 유전자를 대장균에 이식하면 빠른 속도로 번식하여 사람의 인슐린을 생산한다.

물론 염기배열이 모두 아미노산 지정 암호는 아니다. 예를 들어 AUG는 유전자 발현을 위한 전사 개시의 신호 조합이며, 유전자 발현을 위한 전사의 끝을 알리는 조합은 UAG, UAA, UGA 등과 같은 염기조합으로 종결 코드라고 한다. 그밖의 염기조합은 프로모터라 하여 전사의 시작점과 그 길이를 지정하는 역할을 하는 것이 있는가 하면 인헨서(enhancer)라 하여 멀리 떨어진 유전자의 전사를 돕는 등의 역할을 하는 것들이 있다.

예를 들어 This is a beautiful pen이라는 어떤 단백질이 있다고 가정해 보자. 여기서 하나하나의 알파벳을 아미노산이라고 가정하고 이를 염기로 배열한다면 $\overset{t}{U}UU~\overset{h}{U}UC~\overset{i}{U}UA~\overset{s}{C}UG~UUA~CUG$ $\overset{a}{A}UU\text{———————}\overset{n}{G}GA$가 된다. 여기서 pen에서 e를 지정하는 염기가 어떤 이유로 인해 바뀌어 pin 혹은 pan으로 바뀌면 펜이 핀(pin)이 되고 음식을 만드는 냄비(pan)가 되기도 한다. 이것은 돌연변이나 환경(온도, 자외선)의 작용 때문인데 문자 하나가 전체 문맥을 바꾸는 것과 같이 염기 하나가 단백질의 형태를 바꾸어 유전자 전체에 영향을 미치게 된다(후쿠오카 신이치, 2008). 암도 정상적인 단백질의 아미노산 구성에서 한 개의 염기가 어떤 이유로 인해 변하기 때문에 발병된다.

유전정보가 발현된다는 것은 유전정보가 외적 특성으로 나타나는 과정을 의미한다. 생물체의 외적 특성이란 몸체에서 일어나는 수많은 대사반응의 결과가 집적되어 나타나는 것이기 때문에 특성은 대사반응을 주도하는 효소의 종류에 의해 결정된다. 유전정보 발현은 효소 합성 현상과 동일한 개념이다. 효소는 단백질이므로 유전정보의 발현은 단백질 합성에 의해 나타나는 것이다. 단백질성 호르몬과 체조직의 합성도 유전정보 발현의 일종이다.

유전자 발현은 DNA 유전자 정보를 바탕으로 단백질을 만드는 것이며, 이는 세포의 핵에서 진행된다. 세포는 인간의 경우 그 종류가 200여 개가 되는데 종류에 따라 다른 역할을 하고 있다. 예를 들어 생산량이 많아야 되는 알부민의 경우는 항상 만들어지도록 스위치가 켜져 있는 반면 소화효소의 경우는 평상시에는 스위치가 꺼져 있다가 음식물이 장내에 들어오면 다시 분비하도록 되어 있다. 세포는 각자의 역할이 다르기 때문에 역할에 걸맞게 유전자가 작동하는 것이다.

발현과정은 유전정보가 RNA로 전사된 다음 리보솜에서 번역되어 단백질을 합성하는 과정이며 유전현상의 발현은 단백질의 기능을 통하여 간접적으로 형질을 지배하게 된다. 첫 번째 과정은 DNA상에 있는 유전자의 유전정보가 메신저 RNA(mRNA)에 복사된다. 이를 전사라고 한다. 즉, DNA 염기가 RNA 염기로 바뀌며 이를 위해서는 RNA 중합효소가 작동되어야 하는데, 이때 이 효소가 DNA상의 프로모터에 결합되면서 시작되고 두 가닥의 DNA 중 한 가닥이 연결 가닥이 되어 유전정보의 전달(mRNA), 운반(tRNA), 리보솜의 구성성분(rRNA)이 된다. 진핵생물의 유전자는 엑손과 인트론으로 구성되어 있으며 엑손만 단백질로 번역된다. 인트론을 제거하고 엑손과 엑손 사이를 연결하는 것을 스플라이싱(splicing)이라고 한다. 그 작용에 의해 아미노산 서열이 달라지고, 결국 여러 단백질을 만들 수 있게 된다. 진화적으로 볼 때 효모와 선충 그리고 인간으로 진화하는 과정에서 게놈의 수를 비약적으로 증가하는 데 기여한 것이 바로 인트론이다.

유전정보가 단백질로 번역된다는 것은 mRNA 내에 암호로 지정된 아미노산이 순차적으로 되어 있음을 의미한다. 최종적으로 아미노산으로 번역되는 곳은 핵 내의 리보솜이며, 이 아미노산이 모여 고분자화합물인 단백질을 만든다. 리보솜에서 합성된 단백질은 소포체로 이동하고 필요한 장소에 공급된다.

300~350개의 아미노산이 반응하여 하나의 단백질을 만든다. 이 단백질에 대응하는 염기쌍은 약 1,000개이다. 담배를 연구한 결과 잎, 줄기, 뿌리 등에 mRNA가 25,000~30,000개 있는데, 이 중 약 8,000종류는 모든 조직에 공통적으로 존재하고 나머지는 특정 조직에서 작용한다. 뿐만 아니라 형질(쌀의 무게, 맛, 영양성분 등)은 많은 생리적 변화와 유전자의 상호작용의 결과이다. 유전자에는 형질을 주도하는 주동 유전자와 이 유전자를 조정하는 변경 유전자가 있으며, 그렇기 때문에 도식에서 보여 주는 단순한 유전자 흐름만으로는 명쾌하게 해명될 수 없는 부분이 많다. 그만큼

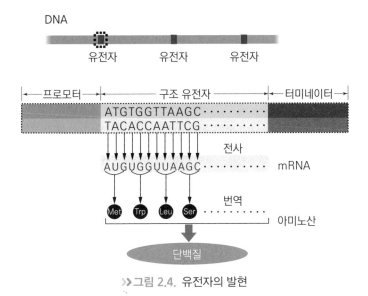

>>그림 2.4. 유전자의 발현

출처: 農林水産省. 2013.

메커니즘이 복잡하다.

2.4.3. 유전체

　인간이 인간의 모습을, 옥수수가 옥수수의 형태를 띠게 하는 것은, 각각의 아미노산을 지정하는 코돈에서 단백질을 합성하고 그 생물 전체의 작동 메커니즘을 조정하는 총합적 기구를 통해 이루어지는데 이를 게놈 혹은 유전체라고 한다. 게놈은 유전자＋염색체의 약어이며, 이것은 그 생물이 가진 DNA의 전체 염기서열의 묶음이다. 조립식 장남감 자동차를 제작하는 예와 비교해 살펴보자. 유전자는 단백질의 아미노산 서열을 암호화된 영역이므로 완구 모델의 개별 부품에 해당하며, 하나의 자동차를 완성하기 위해서는 수십 개, 수백 개의 부품이 필요한데, 유전체는 어떤 부품과 어떤 부품을 붙이고, 그 순서를 어떻게 해야 하는지를 알려주는 설계도이다. 일의 순서나 양, 장소, 필요한 기구(효소 혹은 호르몬 단백질)에 대한 시방서가 여기에 기록되어 있다. 세포분열 시 DNA가 복제되어야 하며, 그러려면 복제에 관한 정보(염기서열)가 필요하다. 복제가 시작되는 기점을 나타내기 위한 유전자는 존재하지 않고 복제가 개시하는 장소를 나타내는 위치 정보가 게놈에 염기서열로 기록되어 있다.

인간의 경우 약 32억 개의 염기쌍이 있는데 성염색체를 제외하고 크기에 따라 숫자가 붙어 있다. 1번이 가장 크고 22번이 가장 작다. 가장 작은 바이러스라도 수천 개의 염기쌍으로 되어 있는데 이들의 통합적인 조정기구가 게놈이다.

게놈에는 유전자로서 기능하지 않는 반복배열이나 유전자와 유사하나 기능하지 않는 가짜 유전자(인간은 1만 개 이상 존재) 등이 있어 인간 게놈 중 단백질 정보가 포함된 유전자 영역은 불과 1% 정도이다. 앞에서 설명한 대로 염기는 염색체에 저장되어 있는데, 염색체의 수는 생물에 따라 다르며 이는 염기서열지도로 나타낼 수 있다. 유전자는 아주 작아 그 크기가 육안으로 식별할 수 없기 때문에 흔히 서고에 보관된 장서로 예로 들어 설명하는 경우가 많다. 옥수수의 경우 유전정보의 양은 $2.5 \times 109bp$로 서울시 전화번호부 1,000쪽짜리 1,700권을 쌓아 놓은 양 정도이다(생명공학기술바로알기협의회, 2009). 한편 인간의 경우 23개의 염색체에 32억 개

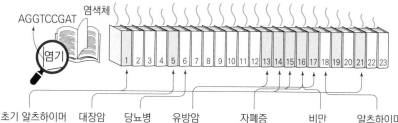

AGGTCCGAT
염색체
염기

1 2 3 4 5 6 7 8 9 10 11 12 13 14 15 16 17 18 19 20 21 22 23

초기 알츠하이머
염색체 1, 14, 21

대장암
염색체 5

당뇨병
염색체 6

유방암
염색체 13, 17

자폐증
염색체 15, 16

비만
염색체 16

알츠하이머
염색체 18

≫그림 2.5. 인간 염색체와 염기 그리고 주요 성인병에 관련된 염색체

출처: Bonnie, 2012.

의 염기와 여기에 약 27,000유전자가 있으며 이의 해석을 통해 병의 조기 발견이 가능해졌고 그 예가 〈그림 2.5.〉와 같다.

2.5. 유전자 재조합을 이용한 작물개량

DNA의 구조가 밝혀지고 유전자 발현의 작동원리가 규명되면서 작물생산의 증대를 위한 생명공학적 기법이 개발되기 시작하였다. 필요한 유전자의 위치를 알아내고 이의 작동을 위해 가동되는 DNA를 찾아냈으며 이를 절단하고 연결시키는 효소, 나아가 새로 조작(操作)된 DNA를 작물에 도입시킬 수 있는 기술이 개발되었다.

즉, DNA 조각을 절단하여 재조합하고 이를 실험관 내에서 복제하는 기술, 나아가 이를 숙주세포인 특정 농작물에 도입하는 기술이 필요했다. 유전자 클로닝 기법, 유전자은행을 만들어 필요한 유전자를 찾아내는 것, 염기서열을 결정하는 기술 등이 필요하고 종국에는 어떤 생물이 가지고 있는 유용한 DNA를 유전자 운반체 또는 물리적 방법을 동원하여 다른 생명체의 DNA에 끼워넣고자 시도하였다. 이러한 연구가 실용화되어 농가에 보급되기 시작한 것이 1996년경이다.

2.5.1. 유전자 변형에 관한 용어

전통적인 교배방법을 사용하지 않고 특정 유전자를 선택하여 이를 작물에 이식시켜 생산성을 높이는 기술로 재배하는 작물을 유전자 변형(조작) 작물이라고 한다. 이러한 기술을 적용할 수 있는 분야는 작물뿐 아니라 미생물, 동물, 농산물에도 가능하며, 이를 모두 합쳐 유전자 변형 생물체(Genetically Modified Organism, GMO)라고 부른다. 그러나 한국은 기관마다 다른 용어를 쓰고 있는데 예를 들어 유전자 변형 생물체(농림수산부), 유전자 재조합 생물체(식품의약품 안정청), 유전자 조작 생물체(소비자단체)가 그것이다.

유전자의 변형 또는 조작은 좀 더 정확한 용어로는 '유전자 재조합'인데, 이 용어는 "뭔가 유전자를 변형하여 인간에게 편리한 대로 조작하고 하고 있다."는 인상을 준다. 그러나 좀 더 정확하게는 유전정보 물질 조작이며 그 속뜻은 단백질 발현 조절 기술이다.

그리고 이러한 기술을 이용하여 작물생산을 높이는 육종기술을 분자육종이라고도 하며, 학자에 따라서는 유전자 변형에 관련된 모든 기술을 통틀어 바이오테크놀로지 육종이라고도 한다. 이의 방법론을 강조하여 형질전환육종이라고도 한다.

일본에서도 유전자 재조합 작물, 유전자 재조합 식품, GMO 등으로 표기가 혼재되어 있다. 후생노동성은 유전자 재조합 작물, 농림수산성은 유전자 재조합 농작물, 「식품위생법」에서는 재조합 DNA 기술 응용 작물으로 명명하고 있다. 또한 일반 소비자가 식용으로 하는 것에는 유전자 재조합 식품으로 표기한다. 같은 Bt 옥수수여도 그것을 다루는 부서가 후생노동성인지, 농림수산성인지, 그것이 가축의 사료로 사용되는지 식용인지에 따라서도 다르다(元木一朗, 2011).

유럽과 북아메리카에서는 처음에는 유전공학(genetic engineering)이라 불렸으나 이 말이 제어하는 힘과 정밀도보다는 인공적이고 잠재적으로 유해한 개입이라는 인상이 있어 유전자 수정(genetic modification)이라 부르고 이러한 기술을 식물과 동물의 품종개량에 사용되고 있다.

2.5.2. 유전자 변형 농산물의 재배면적

세계 농지는 북아메리카 중부의 옥수수 벨트 지역처럼 광활한 경지를 갖고 있는 지대가 있는가 하면 동남아시아의 삿갓배미처럼 매우 협소한 곳에서 작물을 재배하는 경우 등 다양한 방식으로 영농이 이루어지고 있다. 세계의 경지면적은 15억 ha 정도이며, 그중 유전자 변형 작물 재배면적은 약 12%에 이른다. 전 세계 유전자 변형 작물 재배면적은 2015년 1억 7970만 ha에서 2016년

1억 8510만 ha로 약 3% 증가한 것으로 보고되었다.

이러한 작물은 기본적으로 농경지가 광활하고 평지로 기계화가 가능한 지역이 중심이 되고 있는데 1996년 맨 처음 재배가 시작된 이래 증가를 계속하여 첫해에 170만 ha를 시작으로 그다음 해에는 1100만 ha, 2016년에는 1억 8100만 ha에 이르게 되어 20년 만에 10배나 늘었다. 초기 1~2년간은 가파른 상승세를 보였으나 그후 매년 6~10%의 증가를 보이다가 최근에는 약간 정체하고 있다. 유전자 변형 작물을 재배하는 국가는 26개국이며 미국을 비롯한 브라질, 아르헨티나 등 세계 식량 생산기지에서의 재배가 활발하고 또 인도나 남아프리카 등에서도 재배되고 있다. 반면 유럽, 동아시아, 동남아시아 여러 나라는 이러한 작물의 재배에 소극적이다. 특히 유럽 중 스페인, 동남아시아의 필리핀을 제외하고는 유전자 변형 작물을 재배하지 않고 있다.

100만 ha 이상의 유전자 변형 작물을 재배하는 상위 10개국 중 미국이 전체의 39%를 차지하고 그밖에 브라질(27%), 아르헨티나(13%), 캐나다(6%), 인도(6%), 파라과이, 파키스탄, 중국, 남아프리카공화국, 우루과이가 포함되어 있다(이상현, 2017. 김태산, 2018).

주 유전자 변형 작물은 대두, 옥수수, 면화, 유채(카놀라)며, 이 중에서 특히 대두가 가장 많고 옥수수는 증가 추세에 있으며 유채는 조금 증가, 면화는 그 재배면적이 감소하는 것으로 나타났다. 대두의 경우 전체 재배면적 1억 1700만 ha 중 78%가 유전자 변형 대두이며, 면화의 64%, 옥수수의 26%, 유채의 24%가 유전자 변형 작물이다. 유전자 변형 작물 중 제초제 내성 형질을 가진

대두, 옥수수, 유채, 면화, 사탕수수, 알팔파가 전체 47%를 차지
하며, 해충 저항성 유전자 변형 작물은 조금 감소하였고 해충과
제초에 효과가 있는 복합형질 유전자 변형 작물의 재배면적은 약
29% 증가한 것으로 나타났다(김태산, 2018).

미국의 경우 유전자 변형 작물 재배면적이 7300만 ha이며, 전
세계의 약 39%를 차지하고 있다. 사탕무는 100%, 대두는 94%,
옥수수는 92%, 유채는 90%가 유전자 변형 작물이며, 기타 알팔
파(14%), 파파야, 시금치, 감자 등도 재배되고 있으나 그 면적은
미미하다. 해충 저항성과 제초제 저항성을 동시에 조합한 복합형
질 유전자 변형 작물이 가장 많고 그다음은 제초제 저항성 작물
이다.

>>표 2.2. 유전자 변형 특성별 재배면적의 변동

(단위: 100만 ha)

구분	2015		2016		전년대비	
	면적	%	면적	%	면적 변화	%
복합 저항성	95.9	53	86.5	47	-9.3	-10
제초제 저항성	58.5	33	75.4	41	16.9	29
해충 저항성	25.2	14	23.1	12	-2.1	-8
바이러스 저항성/기타	<1	<1	<1	<1	<1	<1
총계	179.7	100	185.1	100	5.4	3

출처: ISAAA, 2016; 이상현, 2017.

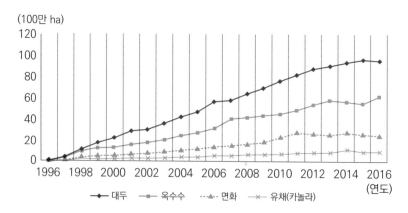

》그림 2.6. 연도별 주요 유전자 변형 농산물의 재배 추이

출처: ISAAA, 2016; 이상현, 2017.

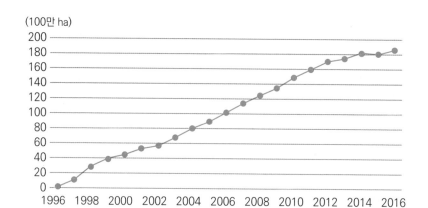

》그림 2.7. 유전자 변형 농산물의 재배면적 추이

출처: ISAAA, 2016; 이상현, 2017.

유전자 변형 작물 중 대종을 차지하는 것은 대두, 옥수수, 면화, 유채이며, 이러한 작물을 재배하는 나라에서 외국으로 수출물량에 대한 정확한 데이터를 구하기는 어렵다. 그 이유는 유전자 변형 곡물과 관행곡물을 분리하여 수출하지 않기 때문이다. 그러나 그 교역량은 상당할 것으로 추정되고 있다. 특히 유전자 변형 대두는 주 생산국인 미국, 남아메리카의 브라질, 파라과이, 아르헨티나가 90% 이상 재배하고 있는 점을 감안하면 거래량이 대부분 이러한 곡물일 것으로 추정되고 있다. 주 수입국은 일본, 한국, 중국이다. 한국에서 소비되는 사료곡물의 90% 이상이 도입곡물임을 감안하면 사료로 사용되는 대부분의 대두와 그 관련된 사료, 옥수수 역시 유전자 변형 곡물일 것으로 추정된다.

농업용 유전자 변형 농산물은 2019년 780만 톤(표 2.3.) 정도로 이 양은 같은 해 사료원료로 수입된 대두와 옥수수의 양과 거의 일치하는 양이기 때문이다. 일본의 경우 대두의 76%, 옥수수의 83%, 유채의 92%가 유전자 변형 곡물일 것으로 보고된 바 있다(椎名 降 외, 2015).

한국은 유전자 변형 농산물의 재배가 허용되지 않으나 이에 대한 연구는 대학과 국가기관을 중심으로 활발하게 진행되고 있다. 2015년 1월 기준 총 7작물의 123종이 안전성 승인을 받았으나 유전자 변형 종자 생산수출에 대한 보고는 없다.

>>표 2.3. 식용·농업용 LMO 수입현황

연도	전체		식용		농업용	
	총계	총 금액	수량	금액	수량	금액
2012	7,842	2,673,035	1,915	844,818	5,927	1,827,217
2013	8,876	2,861,880	1,680	733,831	7,196	2,128,049
2014	10,771	3,109,423	2,233	922,448	8,538	2,186,975
2015	10,237	2,364,384	2,145	662,484	8,092	1,701,900
2016	9,741	2,099,415	2,004	596,899	7,737	1,502,516
2017	9,601	2,054,726	2,282	669,982	7,319	1,384,744
2018	10,211	2,346,664	2,207	692,540	8,003	1,654,124
2019	9,600	2,028,799	1,711	508,049	7,889	1,520,750

출처: 한국바이오안전성정보센터, 2019.

2.6. 유전자 변형 작물의 탄생

2.6.1. 유전자 재조합 기술의 약사

범생설과 제뮬(gemmules)로 유전현상을 설명하려고 했던 다윈과는 달리 유전단위가 형질을 지배한다는 것을 밝힌 이는 멘델이었으나 그의 업적은 크게 주목받지 못하였다. 1900년 세 명의 과학자들은 멘델과 같은 실험결과를 얻었는데 이를 '멘델의 법칙의 재발견'이라고 한다. 그리고 1910년대 미국의 모건 등이 초파리를 이용한 실험을 통해 멘델의 유전인자(1909년에 덴마크 요한센이 유전자로 명명)가 세포 속의 염색체 내에 존재하는 것을 확인하였다. 염색체는 세포가 분열할 때 나타나는 끈 모양의 물질로, 그 속에 DNA가 있다. 멘델의 법칙의 재발견은 실제 농업에 응용되어, 옥수수 하이브리드 품종과 누에 1대 교잡종을 만들었으며 유전법칙의 실용화를 통해, 농업생산력을 높일 수 있음을 보여 주었다.

먼저 유전자가 단위물질의 집합으로 구성된 정보라는 생각은 양자역학을 연구하던 막스 델브뤼크(Max Delbrück)가 유전자가 고분자 물질이라는 물리학적 모델을 1931년대에 발표했다. 이 이론에 영감을 얻은 에르빈 슈뢰딩거는 《생명이란 무엇인가》를 통해 유전자는 "고도의 질서를 가진 원자 결합체"로 생명의 '암호화의 전형'이라고 주장했다.

《생명이란 무엇인가》는 대학원생을 대상으로 1944년에 진행된 강의를 모아 출간한 것으로 유전 연구를 생물물리학이라는 새로운 분야의 연구로 이끄는 기폭제가 되었다. 그의 생각은 후에 DNA의 물리적 구조를 설명한 크릭과 왓슨을 비롯한 많은 젊은 과학자들이 유전학을 분자생물학으로 발전시키는 데 커다란 영향을 미쳤다. 그후 연구를 통하여 이 책에 오류가 있다는 사실이 발견되었음에도 불구하고 깊은 감화력과 과학의 통일을 꿈꾸는 목표를 제시했다는 점에서 이후 생명공학 분야 연구에 영감을 준 책으로 인정받고 있다(에르빈 슈뢰딩거, 2012).

물질적인 수준에서의 DNA는 1944년 록펠러의학연구소의 오즈월드 에이버리 등이 세균의 유전자가 DNA임을 증명하였고, 이어서 1951년에는 박테리오파지의 유전자도 DNA라는 것을 알게 되었다. 결정적인 계기는 크릭과 왓슨의 논문 〈핵산의 분자구조(DNA)〉가 1953년 4월 《네이처》에 발표된 후였다. DNA는 컴퓨터의 아버지라고 불리는 폰 노이만도 '자기증식하는 자동인형'이라는 이론을 정보의 중심원리라는 생각의 틀로 전환시키는 데 이용하였다. 1931년대부터 1961년까지는 유전정보로서의 DNA 탐구가 이루어졌고, 이 시기는 정보통신의 이론이나 기술이 태어난 시기와 겹치면서 분자생물학이 물리학자와 수학자에게 아이디어를 제공하는 계기가 되었다.

그후 1970년대 들어 해밀턴 스미스 등이 DNA의 특정 부위를 절단하는 제한효소를 분리할 수 있는 기술을 처음으로 개발하고 또 1972년에는 최초의 변형 DNA 분자를 제작하였고 후에 염기서열 결정법을 개발하였다. 계속해서 대장균에서 새로운 복제 DNA를 크로닝하는 기술개발에 성공하고, 1977년에는 박테리아에서 인간 유전자를 최초로 구현했으며 1987년에는 유전자변형 작물의 야외실험을 처음 실시하여 유전자혁명의 시대를 열었다.

2.6.2. 유전자 재조합 변형 기술의 발전

비록 왓슨과 크릭이 DNA 구조를 규명하였으나 염색체 내에서는 점액 방울처럼 보이는 얽힌 DNA의 실뭉치에서 개별 유전자를 단리하는 것은 불가능하다고 생각했다. 그리고 DNA를 깨끗이 분리하여 취급하기 쉬운 길이로 만드는 기계적인 방법이 없어

1970년대 초까지 유전자에 대한 지식은 간접적인 추론에 의존하고 있었다.

원래 생물이 가지고 있는 유전자에 새로운 유전자를 삽입하기 위해서는 DNA를 절단할 필요가 있었으며, 이때 사용되는 것이 효소이다. 이 효소를 뉴클레아제(nuclease)라 하며 1968년에 발견되었다. 이 효소는 원래 외부로부터 침입한 다른 DNA가 그 기능을 발현하지 못하도록 분해하는 기능이 있다. 이 원리를 이용하여 DNA 사슬에서 필요한 부분을 절단할 수 있다. 그리고 절단한 DNA의 단편을 다른 DNA 조직에 붙이는 테이프 역할을 할 수 있는 것이 필요한데, 이때 이용되는 것이 바로 연결효소이다. 이것을 리가아제(ligase)라고 한다. 이 효소는 DNA 분자의 끝을 이어 붙이는 역할을 하는데, 1967년에 발견되었다. DNA를 잘라 붙일 수 있는 기술이 확립되면서 비로소 유전자 재조합이 가능해진 것이다.

새롭게 만들어진 재조합 유전자를 다른 생물체에 이식시키려면 운반도구가 필요한데, 세균 내에 기생하는 플라스미드라는 조직이 그 운반도구이다. 이것은 작은 고리 모양의 형태로 이 안에는 DNA가 존재하며, DNA의 유전정보는 세균 자신의 유전정보와 마찬가지로 형질이 발현된다. 즉, 플라스미드 DNA를 삽입할 유전자의 운송체로 이용하게 되며 이를 벡터라고 한다. 이 연구는 1970년대에 이루어졌으며 이때부터 본격적인 유전자 재조합 시대가 열렸다.

실험관 내에서 최초로 생명체를 만든 사람은 퍼그였고 그는 시험관 속에서 DNA를 자르고 붙여 재조합 유전자를 만들었다. 이것은 다른 DNA 두 가닥이 하나의 복합분자로 재결합되는 것을 의미한다. 1973년에 일어난 일이다. 이 방법은 어떤 생물에서 다른 생물로 유전자를 이식시키는 기초적인 방법으로, 그후 유전공학 기술의 기초가 되었다.

동년 스탠리 코언(Stanley Cohen)과 하버트 보이어(Herbert Boyer)는 세균에 기생하는 플라스미드를 사용하여 대장균의 유전자 재조합을 시행하였다. 이들 세균이나 플라스미드는 DNA를 나르는 손이라는 의미를 갖는 벡터로 부르게 되었다.

또한 식물체에서도 최초의 유전자 조작 식물이 담배에서 만들어졌다. 아그로박테리움에 있는 Ti 플라스미드에 항생제 내성 유전자를 결합시킨 키메라 유전자를 만들어 냈다. 아그로박테리움에 있는 플라스미드를 변형시킨 미생물을 담배에 감염시켜 키메라 유전자를 식물체에 삽입시켰다. 1983년에 일어난 일이다. 아그로박테리움 투메파키엔스(*Agrobacterium tumefaciens*)라는 토양 미생물은 손상된 식물체의 표면을 통해 침투하여 자신의 유전자를 식물체의 세포 속으로 진입하여 여기에서 식물의 세포분열과 세균성장을 촉진하여 그것이 혹과 같은 모습으로 외부에 나타나는데, 이것을 근두암종병이라고 한다. 토양 미생물과 식물의 기생관계에서 힌트를 얻은 것이 작물 유전자 재조합의 기본 원리이다. 그리고 이러한 방법을 상업적으로 이용한 회사가 몬산토이며, 1983년에 그 결과가 발표되었고, 핵심적인 기술은 특허신청을 하였다.

이러한 유전자 변형 생물을 상업적으로 이용할 수 있게 된 것은 1980년 이후로 유전자 변형 방법으로 만든 원유 분해 박테리아의 특허출원의 계기가 되었다. 1982년 유전자 삽입기법으로 만든 인슐린 판매, 1987년 살충제 성분이 들어 있는 유전자 변형 담배 생산으로 이어졌고, 그후 1988년에 유전자 변형 효소를 식품으로 이용할 수 있게 되었다.

미성숙한 토마토를 슈퍼마켓의 진열대에서 판매하는 대신에 완숙 토마토를 판매하고자 개발된 플레이버 세이버라는 유전자 변형 토마토이다. 그러나 맛과 가격 때문에 시장에서 살아남을 수 없었다. 기술 자체는 독창적이었으나 맛이 없는 품종을 선택하여 기술적으로는 성공했지만 상업적으로는 실패한 유전자 변형 농산물이었다. 1994년의 일이다.

2016년 현재 유전자 변형 작물을 재배하는 나라는 27개국이고 미국의 경우에는 대두, 옥수수, 면화, 유채(카놀라), 사탕무, 알팔파, 파파야, 호박, 감자 등의 유전자 변형 작물이 있다. 그중 대두, 옥수수, 면화, 유채가 재배면적의 대부분을 차지하고 있다.

| 1 | 유전자 변형 작물 개발의 원리

사람의 피부에 생긴 종기와 같이 식물체의 뿌리 표면에 혹이 생기는 콩과식물을 주변에서 쉽게 볼 수 있다. 대두를 비롯하여 아카시아, 토끼풀 등의 뿌리에 둥근 모양의 혹이 달리는 데 이를 뿌리혹이라고 한다. 이 혹 안에는 많은 근류균이 들어 있어 공기의 20%나 차지하는 기체상의 질소를 고정하여 숙주식물에 공급할 뿐 아니라 자신의 성장을 위해 사용하고 나중에 근류가 탈립되면 토양에 질소를 방출하여 땅을 거름지게 한다.

또 다른 예는 식물의 뿌리와 줄기 사이 또는 지상부의 식물 줄기에 혹 모양으로 부풀어 올라온 것을 볼 수 있는데, 이것을 근두암종병이라고 한다. 이는 마치 암과 같다 하여 붙여진 이름이다. 이러한 식물의 혹의 발생은 아그로박테리움 투메파키엔스라고 하는 세균이 원인균으로 자연 유전공학자 역할을 한다. 이 세균은 1907년에 발견된 것으로 식물의 손상 부위로 침투하여 자신의 유전물질을 식물세포에 삽입시킨다. 그후 과정은 숙주식물의 신호를 감지한 박테리아(*Agrobacterium tumefaciens*)가 상처난 숙주식물의 부위에 부착한 후 플라스미드에서 변형된 DNA를 가진 박테리아가 식물세포벽을 통과하여 식물세포의 핵 속에 있는 유전체에 자신의 유전자를 삽입, 유전자 변형이 된 세포로 변신시키는 것으로 요약할 수 있다.

유전자가 변형된 식물세포는 분열과 동시 세포가 증대되고 세균양분과 식물 성장호르몬도 더 많이 분비하여 그것이 외형상 혹과 같이 밖으로 돌출한 모습을 띠게 된다. 내용적으로는 이 미생물이 식물의 세포막과 세포벽을 통과하여 식물세포의 핵 속에 자신의 유전자를 내보내는 것이다. 즉, 아그로박테리움은 유전자 도입법을 이용하여 식물을 자신을 위한 식량 생산장치로 바꾸어 버린다(남상유 외, 2016; Pamela and Adamchak, 2008).

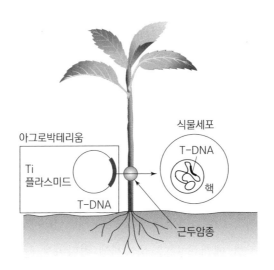

≫그림 2.8. 아그로박테리움이 갖는 식물 유전자 조작의 능력

그 과정을 모식도로 그리면 〈그림 2.8.〉과 같다. 이 그림에서 아그로박테리움의 Ti 플라스미드는 종양을 일으키기 때문에 종양 유도 플라스미드라고도 불리는데 유전자를 운반하는 역할을 하는 벡터의 기능을 갖고 있다.

이러한 자연의 능력을 인간의 능력으로 승화시킨 것이 유전자 변형 기술이며 몬터규(Montague), 셸(Schell) 등의 연구로 실용화의 가능성을 열어놓았고, 그 결과가 1983년 학회를 통해 발표되었으며 미국의 몬산토 사가 산업화시켜 제2의 녹색혁명 시대를 열게 되었다(제임스 왓슨 외, 2017).

| 2 | 미생물을 이용한 유전자 재조합

미생물은 사람의 육안으로 판별할 수 없는 크기로 가장 작은 바이러스(0.01~0.3μm)에서 세균(1μm), 효모, 사상균, 원충류에 이르기까지 그 종류가 많으나 그중 유전자 삽입에 이용된 것은 대장균, 효모 등이다. 이들은 핵과 플라스미드를 하나씩 가지고 있는데, 핵에는 수십 개의 유전자를 가지고 있으며 플라스미드 역시 유전자를 가지고 있다. 미생물의 유전자 재조합의 핵심은 플라스미드의 유전자를 매개로 다른 생물체에 접합하는 성질을 이용하는 것이다.

대장균은 20분마다 세포분열을 하는 특성이 있어서 증식에 유리하고 또한 주변에서 쉽게 구할 수 있어서 유전자 변형 시험에 많이 이용되었다. 대장균을 이용한 인슐린 생산과정은 다음과 같

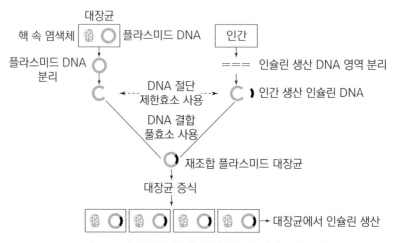

≫그림 2.9. 대장균을 이용한 인간 인슐린 생산과정 개략도

이 요약할 수 있다. 즉, 대장균에 있는 플라스미드를 추출하여 그 유전자의 일부와 인간의 인슐린을 생산하는 유전자를 제한효소를 이용하여 잘라낸 후 대장균의 유전자(DNA)에 인간의 인슐린 생산 유전자를 접합효소(리가아제)로 연결 유전자 재조합된 플라스미드를 만든다. 이를 다시 대장균에 결합시켜 넣으면 인슐린을 생산할 수 있는 대장균으로 재탄생한다.

| 3 | 작물 유전자 변형 기술

미생물은 자신의 유전자를 다른 미생물에 쉽게 이전시킬 수 있지만 식물은 세포 외피가 단단한 벽으로 둘러싸여 있어서 외부 유전자의 유입을 차단하기 때문에 구조적으로 다른 생물의 유전자가 도입하기 어렵다.

그러나 이미 앞에서 유전자 재조합의 원리에서 설명한 대로 아그로박테리움과 같은 세균의 핵 속의 염색체는 유전자(DNA)가 있고, 동시에 플라스미드라는 또 다른 기관이 있는데 여기에도 DNA가 포함되어 있다. 이 플라스미드는 200kb 이상이나 되는 거대 플라스미드로 여기에 T-DNA 부위가 있어 이곳은 다른 DNA의 입출입이 가능하다.

아그로박테리움에서 플라스미드를 추출한 후 여기에 외래 유용 유전자를 삽입한 유전자 운반체(백터, 재조합 백터가 포함된 아그로박테리아)를 식물에 삽입하는 것이 작물 유전자 재조합의 기본 원리이다. 그 과정은 원하는 유전자를 플라스미드의 T-DNA에

끼워 넣은 다음 유전자 재조합 아그로박테리움을 도입하고자 하는 식물의 조직 배양체(캘러스)에 주입한다. 이 조직 배양체를 키우면 형질이 전환된 식물을 얻을 수 있는데, 이것이 그 원리의 핵심구조이다. 즉, 〈그림 2.10.〉의 T-DNA 경계 안쪽에는 쉽게 식물유전자 삽입이 가능하여 도입하고자 하는 유전자를 끼워 넣을 수 있다. 캘러스는 동물의 iPS 세포나 ES 세포와 같이 모든 조직과 장기로 분화할 수 있는 분화 전능성을 가지고 있다. 식물세포에 유입된 T-DNA는 식물 게놈에 삽입되어 식물 유전자로 작용하게 된다. 이후 T-DNA 영역은 식물 게놈의 일부로 다른 유전자와 마찬가지로 대대로 유전된다.

문제는 긴 DNA상의 어디에 필요한 유전자가 있는지를 찾아내 필요한 부분만 mRNA에 붙여 넣는 것인데, 여기서 생물에 따라

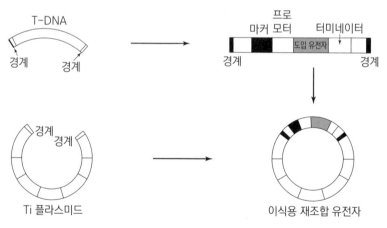

≫그림 2.10. 아그로박테리움 플라스미드에 도입 유전자를 삽입하는 과정

전사 메커니즘이 다르다는 데 문제가 있다. 먼저 식물 게놈에 삽입된 형질전환 아그로박테리움은 자기 유전자를 전송하는 특정한 위치에서 전송이 시작된다. 전송이 시작되는 부분을 프로모터라 부르며, 그 뒤에 도입 유전자가 있다. 도입 유전자의 뒤에는 터미네이터라는 영역이 있어 전사를 그 부분에서 종결시킨다(그림 2.10.). 그러나 프로모터와 터미네이터의 구조는 박테리아와 식물에서 전혀 달라 아그로박테리움의 DNA를 그대로 식물세포에 전사시킬 수 없다. 따라서 박테리아의 프로모터와 터미네이터를 제거하고 대신에 식물의 프로모터와 터미네이터를 연결한다. 이때 모든 식물조직에서 단백질이 생성되도록 프로모터 또는 특정 조직에서만 작동하는 프로모터를 선택할 수 있다. 전자는 제초제 내성 유전자 및 단백질 유전 등 모든 조직에서 발현시키는 데 사용되고, 후자는 청색 색소의 합성 유전자를 꽃잎에서만 발현시킬 때 이용되고 있다(推名 隆 외, 2015).

재조합된 DNA 아크로박테리움 복제 미생물을 식물체에 삽입하는 방법은 첫째 미세 주사기로 식물에 직접 주입하는 방법, 둘째 전기충격, 레이저 광선 조사, 계면활성제를 이용하여 삽입하는 방법, 셋째 유전자 총을 이용하여 캘러스나 배(胚)에 주입하는 방법이 있다. 이렇게 삽입되면 새로운 유전자가 도입된 종자가 발아하여 형질전환된 식물체가 된다.

유전자가 도입된 형질전환 캘러스를 선발하고 호르몬 농도를 적절하게 조절하여 성장시키면 뿌리와 싹(잎이나 줄기)을 가진 형질전환된 식물이 발생한다. 이때 재조합 유전자가 도입된 캘러스

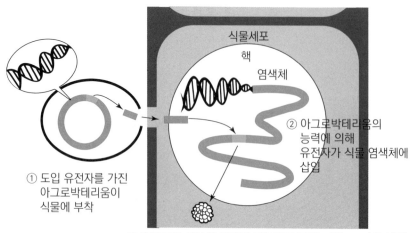

① 도입 유전자를 가진 아그로박테리움이 식물에 부착

식물세포

핵

염색체

② 아그로박테리움의 능력에 의해 유전자가 식물 염색체에 삽입

③ 유전자가 식물체 내에서 작동하여 아미노산(오파인)을 생성 =식물의 성질이 변함

>>그림 2.11. 아그로박테리움이 갖는 식물의 유전자 변형 능력

출처: 椎名 降 외, 2015.

를 선발하기 위해 T-DNA에는 항생제 내성 유전자를 삽입해 둔다. 이렇게 하면 항생제가 함유된 배지에서는 형질전환된 캘러스만 살아남아 쉽게 선발할 수 있다. 대두, 벼 등의 형질전환에 이 방법이 이용된다. 또한 일부 식물은 꽃봉오리를 아그로박테리움 용액에 침지하는 것만으로도 종자가 형질전환된다.

정리하면 유전자 조작의 단계는 크게 네 단계로 나눌 수 있다. 첫 번째 단계는 원하는 유전자(DNA)를 분리하여 복제하는데 이를 클로닝(cloning)이라 하며, 이는 유전자 전환을 위해 특정 유전자를 대량 증식시키는 것을 말한다. 두 번째 단계에서는 복제한 유전자를 벡터(vector, 유전자 운반체)에 재조합하여 식물세포에 삽입한다. 이때 유용 유전자와 함께 형질전환된 세포를 선택적으로 선

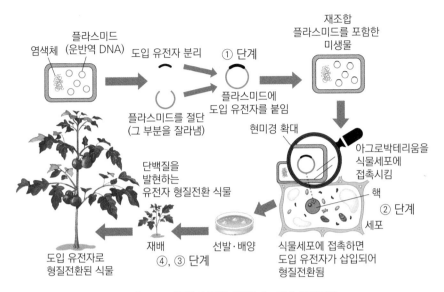

재조합
플라스미드를 포함한
미생물

염색체 플라스미드 (운반역 DNA) 도입 유전자 분리 ① 단계

플라스미드를 절단
(그 부분을 잘라냄)

플라스미드에
도입 유전자를 붙임

현미경 확대

아그로박테리움을
식물세포에
접촉시킴

핵

② 단계

세포

단백질을
발현하는
유전자 형질전환 식물

도입 유전자로
형질전환된 식물

재배
④, ③ 단계

선발·배양

식물세포에 접촉하면
도입 유전자가 삽입되어
형질전환됨

>>그림 2.12. 유전자 조작 방법(아그로박테리움법)

출처: 農林水産省, 2013.

발할 수 있는 선발표지 형질 유전자(marker)를 함께 삽입한다. 세 번째 단계는 재조합 DNA를 삽입한 식물세포를 증식하고 식물체로 성장시킨다. 네 번째 단계는 형질전환된 식물의 특성을 평가하여 신품종으로 육성한다.

이러한 기법을 이용하여 만든 작물이 제초제 내성작물로, 제초제를 살포하면 이 작물은 살아남지만 잡초는 고사한다. 그러나 제초제 내성종자와 농약을 함께 사용해야 하는 문제가 있다. 병충해 저항성 작물도 같은 원리로 작출되었다.

유전자 변형 작물의 안전성 논란에 대응하기 위해 생명공학 분야 연구자들은 외래 DNA의 잔존 없이 작물을 개량하고 목표형질만 개선하기 위한 새로운 육종기술들을 개발해 왔다. 이에 경제개발협력기구(Organization for Economic Cooperation and Development, OECD)는 GMO 안전성 규제를 적용받지 않을 가능성이 있는 새로운 육종기술 7가지를 선정하여 신육종기술(new plant breeding technique, NPBT)이라고 명명하였다. 신육종기술에는 위치 특위적 핵산가수분해효소(site-directed nucleases, SDN)를 이용한 유전자 교정(gene 혹은 genome editing), 올리고뉴클레오티드 삽입 변이 유도기술(oligonucleotidedirected mutagenesis, ODM), 동종기원(cisgenesis/intragenesis), 역육종(reverse breeding), 아그로 접종(agro-infiltration), 접목(grafting), RNA 의존성 DNA 메틸화법(RNA-dependent DNA methylation, RdDM)이 포함된다. 유전자 변형 작물에서 가장 논란이 되는 부분은 항생제 저항성 유전자, 목표 유전자(target gene) 등이 포함된 외래 DNA가 잔존한다는 점으로, 신육종기술들은 외래 DNA 단편이 최종 산물에 남아 있지 않고, 목표 유전자 외 다른 부분에 변이를 유발하지 않으며, 다면 발현효과(pleiotrophic effect)를 일으킬 가능성이 낮다(이신우, 2019). SDN 기술은 최근 가장 주목받는 기술로 특정 DNA 단편 내 염기서열을 정확하게 절단하는 ZFN, TALEN과 CRISPR/Cas9 등의 위치 특이적 핵산가수분해효소를 활용하는데, 절단된 DNA는 세포 내 복구 메커니즘에 의해 수복되고 그 과정에서 염기의 결실, 치환 또는 삽입이 일어나는 것을 이용한다.

SDN 기술은 다시 변이가 유발되는 범위에 따라 SDN-1, SDN-2, SDN-3으로 구분되는데, SDN-1은 목표로 하는 DNA 단편 내에 하나 또는 단지 몇 개의 염기에 돌연변이를 유발하도록 한 것이다. SDN-2, SDN-3은 절단된 DNA가 세포에 내재된 수리기구에 의해 수리되는 과정에서 외래 공여 DNA 틀과 같이 필요한 유전체 정보를 제공하면 유전체에 일부 DNA를 삽입 또는 치환할 수 있어 단순한 결실변이를 넘어선 유전정보의 교정이 가능함을 이용하는데, 비교적 짧은 DNA를 사용하여 하나 혹은 몇 개의 염기에 돌연변이를 유발하는 것을 SDN-2라 지칭한다. SDN-3은 비교적 크기가 큰(수천 개의 염기로 구성된 DNA 단편도 가능) 외래 DNA를 특정 DNA 단편 내로 삽입하는 것을 가리킨다.

그중 최근 널리 사용되고 있는 CRISPR/Cas9은 2012년 미국 UC 버클리의 다우드나 교수와 스웨덴 우메아(Umea) 대학의 샤르팡티에 교수가 새로운 유전자 교정기술로 보고한 것으로, RNA-guided DNA cleavage라는 박테리아의 면역체계를 유전자 교정에 활용한 기술이다. 박테리아는 외래 DNA로부터 프로토스페이서(protospacers)를 수집해서 자신의 유전체 내에 삽입하는데, 이 부분이 CRISPR 부분이고, 짧은 guide RNA를 발현시켜 프로토스페이서와 서열이 맞는 모든 DNA를 Cas9 효소로 파괴시킴으로써 외부의 침입으로부터 자신을 보호한다. CRISPR/Cas9 시스템에서 Cas9 단백질을 표적 부위에 위치하게 하는 역할은 tracrRNA(trans-acting crRNA)와 crRNA(crispr RNA)가 하고 있다. 이후 tracrRNA와 crRNA의 역할을 결합한 sgRNA(single guide RNA)가 개발되어 목표 유전자에 특이적인 sgRNA와 Cas9 단백질만으로 유전자 교정이 가능하다는 간편함이 있어 널리 사용되게 되었다. 이 시스템에 의한 유전자 교정은 먼저 sgRNA가 Cas9 단백질과 결합한 후 PAM(protospacer adjacent motif) 서열(5'-NGG-3') 및 목표 서열을 인식하여 절단하게 되고, 절단된 염기서열에서는 이후 절단 부분이 크게 비상동말단연결(nonhomologous end joining, NHEJ) 또는 상동재조합(homologous recombination, HR) 두 가지 형태의 수선 메커니즘에 의해 복구되면서 염기의 결손이나 삽입이 일어나 목표 유전자의 기능을 없애거나 원하는 DNA 서열을 함께 넣어 새로운 서열을 삽입하거나 교체하는 방식으로 이루어진다.

다양한 작물들이 SDN을 활용하여 개발되었고, 미국은 농무성에서 수행하고 있는 유전자 변형 생물체 규제 시스템의 하나인

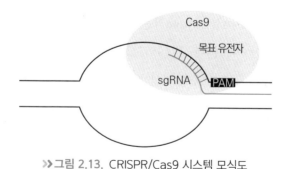

≫그림 2.13. CRISPR/Cas9 시스템 모식도

'AIR(Am I Regulated)' 프로그램에 식물 신육종기술로 만든 작물이 GMO 안전관리 법령의 규제대상에 해당하는지에 관한 상담을 할 수 있도록 하였다. 2019년 2월까지 AIR 프로그램에 신청된 건수는 76건이었으며(USDA-APHIS 2018), 이들 중 유전자 교정 기술에 해당하는 27건은 모두 규제대상에서 제외되었다. 여기에는 Calyxt사에서 TALEN을 이용해 개발한 저온 저장성 개선 감자, 오일 성분 개선 대두가 있고, 토폰사에서는 CRISPR 기술을 이용하여 waxy1 유전자를 대상으로 아밀로펙틴 함량이 증가한 옥수수 종자를 개발하였다. 이외에도 갈변저항 버섯, 백분병, 저항성 밀, 제초제 저항성 담배 등이 육성되었다.

그리고 올리고뉴클레오티드 삽입 변이유도기술(ODM)은 세포가 갖고 있는 상동 재조합 능력을 이용하는 기술로서 목적 돌연변이를 포함하는 20~100bp 길이의 합성 올리고뉴클레오티드를 세포에 주입하여 원하는 돌연변이 염기서열을 가지는 개체를 만드는 기술이다. 동종기원(cisgenesis/intragenesis)은 상호교배가 가능한 종에서 유래된 목표 유전자를 도입하고 선발 마커와 벡터 등 외래 유전자 서열은 전달되지 않도록 하는 기술을 의미한다. 역육종(reverse breeding, RB)은 RNA 간섭 메커니즘을 이용하여 유용 형질을 갖고 있는 이종접합체(heterozygoto) 개체의 감수분열 시 재조합을 방해하여 목적형질을 갖고 있는 배우자를 선발한 후 반수체 식물체로 만들고 순차적으로 상동이배체를 만드는 기술이다. RNA 간섭은 생물의 방어기작을 응용한 기술로, 바이러스 중 RNA를 유전물질로 사용하는 것이 있는데, 세포 내에 이중가닥

RNA가 존재할 경우 이를 외래 유래물질로 여겨 분해하게 된다. 따라서 원하는 염기서열에 상보적인 염기서열로 구성된 RNA를 넣어 주면, 원하는 부위에 결합하여 이중가닥 RNA를 형성하고 분해를 유도하므로 목표 유전자의 발현이 잘 이루어지지 않게 된다. 한편 RNA 주형 DNA 메틸화 기술(RNA-directed DNA Methylation, RdDM)은 도입된 dsRNA가 siRNA(short interfering RNAs)로 잘려지고 이 siRNA가 목적 유전자의 프로모터 영역에 메틸화를 유도하여 하위단계 유전자 침묵을 일으키는 기작으로 메틸화된 DNA는 염색체 수준에서의 염기서열 변화 없이 유전자 기능에 변화를 가져올 수 있는 기술이다. 유전자 변형 뿌리접목기술(grafting)은 유용형질을 갖는 유전자 변형 뿌리를 대목으로 활용하여 비유전자 변형 작물 접순에서 비유전자 변형 열매를 생산하는 기술이다(박수진, 2018). 아그로 접종은 재조합된 유전자를 아그로박테리아를 매개로 특정 조직에 직접 감염시켜 단시간에 고농도의 유전자 발현이 가능하도록 하는 기술인데, 외래 유전자가 숙주의 유전체에 영구적으로 삽입되지 않고 일시적으로 발현되므로 유전체 염기서열의 변화를 가져오지 않는다(김동헌 외, 2018; 박상렬 외, 2019).

2.7. ⓞ 유전자 변형 농산물에 대한 논쟁

2.7.1. 유전자 변형 농산물에 대한 의식

인간이 신의 영역을 넘어 DNA를 주문 제작하기 시작했다는 가공할 만한 업적인 유전자 변형 농산물에 대한 논쟁이 뜨겁다. 한국은 유전자 변형 농산물을 세계에서 가장 많이 수입하는 나라 중 하나이다. 약 1000만 톤의 유전자 변형 농산물을 수입하며, 이 중 800만 톤은 사료용으로 쓰고 있다. 쌀 생산량이 약 500만 톤이라고 할 때 이의 두 배이다. 식량 수입 대국인 일본의 통계를 보면 대두의 85%, 옥수수의 80%, 유채(카놀라)의 90%가 유전자 변형 농산물이다. 미국의 경우 가공식품의 85%에 이러한 농산물이 혼입되어 있다(天笠啓祐, 2017).

유전자 변형 농산물에 대한 의식은 나라마다 조금씩 다르다. 2015년 한국에서 수행된 조사에 따르면 유전자 변형 생물체에 대한 높은 인지도(88.5%)를 가지고 있으며 이의 식품 사용에 대해서는 45%가 부정적인 입장을 보였다. 미국의 경우 2014년 시민 2,002명, 과학자 3,748명을 대상으로 조사한 결과에 따르면 시민의 57%가 유전자 변형 식품은 안전하지 않다고 답했고, 과학자 그룹에서는 88%가 안전하다고 답했으며, 11%는 안전하지 않다고 답하여 시민과 과학자 간의 차이가 51%였다는 보고가 있다. 같은 설문에서 과학자들은 유전자 변형 식품에 의한 건강 영향에 대하여 정확히 이해하고 있는가라는 질문에는 67%가 이해하지 못한다고 답한 반면 이해한다는 답은 28%였다. 즉, 미국의 시민들은 과학자들의 유전자 변형 식품의 안전성에 대해 의구심을 갖고 있다는 것을 의미한다. 또한 여성의 65%, 백인의 53%가 안전하지 않다는 문항에 응답했다(中島達雄, 2015)

일본에서 소비자 1,000명을 대상으로 조사한 결과에 따르면 52.8%가 유전자 변형 식품을 구입하지 않을 것이라고 답했고, 50% 정도가 변형 식품에 대하여 불안감을 갖고 있다고 응답했다. 일본의 가정 담당 교사 1,000명과 과학 교사 2,000명을 대상으로 한 조사에서는 과학 교사 중 70%가 신중한 입장을 표명한 데 비하여 가정 교사는 45%가 부정적이고 54%가 신중한 입장을 취했다(森田滿樹, 2015). 세계적으로 볼 때 유럽은 이러한 식품에 부정적인 반면 아프리카는 찬성하는 그룹과 반대하는 그룹이 극명하게 나누어져 있고 아시아에서는 필리핀이 반대하는 입장을 취하고 있다.

유전자 변형 작물의 연구 및 품종 개발에 앞장 섰던 몬산토 사는 생산성 향상, 자원의 보전, 농민의 생활개선을 기치로 지속가능한 농업실현을 내세우고 있으나, 일반인들은 이러한 식품이 건강을 가져다 주는가, 맛이 있는가, 가격이 싼가, 오래 저장할 수 있는가와 같은 현실적인 문제를 들고 나오고 있다.

일본의 가정 교과서에는 유전자 변형 작물의 장점으로 농약을 사용하지 않고도 작물재배가 가능한 점, 제초 및 해충방제에 노력이 적게 투입되며, 장기간 보존이 가능하고, 수확량이 증가하나 재배경비가 적게 소요된다고 하였다. 한편 단점으로는 본래 자연계에 존재하지 않는 종자가 많아져 생태계의 균형이 깨지며, 농약에 내성을 갖는 식물이 출현한 가능성이 있고, 식품의 안전성에 의문이 가며, 일부 회사가 종자시장을 지배, 가격을 좌지우지할 가능성이 있다는 점을 지적하고 있다(小島正美, 2015)

2.7.2. GMO 찬반 논쟁

유전자 변형 작물의 재배에 대한 찬반 양론이 팽팽히 맞서고 있다. 찬성 측의 주장은 기업과 농민에게 이익을 가져다 주며 식량 및 환경 문제를 해결할 수 있다고 주장한다. 또한 소비자에 혜택이 돌아가는데 구체적으로 식품의 영양성분을 개선하고, 장기

>>표 2.4. 유전자 변형 농작물에 대한 견해에 대한 진위(진: ○, 위: ×)

지지 측	진위	반대 측	진위
소비자 측면			
영양성분 개선	○	불안한 식품	○, ×
기아문제 해결방안	×	기아문제 해결 불가	○
경제적·환경적 측면			
경제적 혜택	○, ×	다국적기업에 의존심화, GMO에 종속	○
해충, 잡초 내성 작물 재배로 영농의 생력화	○	농약 사용량 증가	×
환경오염 경감	○, ×	환경에 위해	○, ×
수량 증수	○, ×	지속적 곡물생산 불가	○, ×

저장이 가능하며 기아문제를 해결할 수 있다는 것이다. 농민 측면에서 보면 경제적으로 유리해지고, 병해충 저항성 농작물의 재배로 농약 사용의 감소를 통해 환경오염을 줄일 수 있다고 주장한다.

반대 측 사람들은 불안한 식품이며, 유전자 변형 작물에 종속되고, 다국적 기업에 의존도가 심화되며, 기아문제 해결책이 될 수 없으며, 생태적 다양성이 감소되고, 따라서 지속적 곡물생산이 불가능해진다는 주장을 편다(주요한, 2007).

|1| 소비자 측면

(1) 식품의 영양성분개선 대 불안한 식품

유전자 변형 작물 지지자들이 내세우는 업적 중 하나가 황금쌀의 개발이다. 쌀을 주식으로 하는 사람들의 식단에서 부족해지기 쉬운 영양소인 비타민 A를 보강하기 위한 쌀로 스위스의 인고 포트커스와 페터 베이어가 개발했다. 최초에는 그 함량이 매우 적어 사람들의 주목을 받지 못했으나, 이후 비타민 A의 전구물질인 베타 카로틴을 23배 더 많이 함유하여 보통의 식사로도 비타민 A의 결핍을 해결할 수 있게 되었다고 선전하고 있다. 전 세계의 약 4억 명(어린이는 25만~50만 명)이 비타민 A 결핍 위험에 처해 있는데, 비타민 A 부족은 야맹증, 호흡기 질환을 일으킬 수 있다.

비타민 A의 공급 능력이 탁월하다는 선전에도 불구하고 농가의 황금쌀 재배가 허용되지 않고 있다. 규제의 초점은 이러한 유전자 변형 기술은 예측할 수 없고 게놈의 변형을 초래한다는 개념에 근거하고 있다. 특히 이 쌀의 개발에 사용된 항생제 마커를 문제삼고 있다. 비타민 A 공급이 문제인 인도, 파키스탄, 필리핀은 개발된 지 15년 이상이 지났는데도 경작 승인을 받지 못하고 있다(Wesseler and Zilberman, 2013).

유채 역시 비타민 E 함량을 높이거나 지방산의 균형을 맞추기 위한 유전자 변형이 가능하다. 들깨의 지방산 조성을 변화시켜 저장성을 높이고 토코페롤 함량을 증가시켜 필수 비타민을 증가시킬 수 있다. 전분 함량 및 구조를 개량하기 위하여 이 방법이 이용되기도 하였다. 대두의 불포화지방산의 함량을 높일 수 있는 기술, 식용백신 생산을 통해 어린이의 건강에 도움을 줄 수 있는 형질 등이 연구대상이다. 열대 및 아열대 지방에서 바나나는 백신 전달 수단으로 주목받고 있다. 콜레라, B형 간염, 설사와 같은 공통 질병으로부터 보호하는 불활성화된 바이러스를 함유한 형질전환 바나나가 생산되어 현재 평가 중이다. 유전자 변형 작물은 필수 항원만 생산할 수 있기 때문에 부작용을 유발하는 전통적인 백신보다 안전할 수 있다는 것이다(推名 隆 외, 2015).

이러한 가능성에도 불구하고 반대론자들은 유전자 변형 기술이 불완전하다고 주장하며 이 방법에 의해 생산된 식품에 대한 불안감을 피력하고 있다. 현재의 유전자 조작 기술의 가장 큰 맹점은 조작 시 삽입되는 DNA의 양과 부위를 제어하지 못한다는 점이다. 그래서 의도하지 않았던 형질이 나타나며 감자, 밀, 벼, 면화, 유채, 보리, 완두콩, 알팔파 등의 예에서 보고된 바 있다.

>>표 2.5. 전통 육종과 유전자 변형 기술의 차이점

항목	전통 육종	유전자 변형 기술
유전자 교환 및 삽입 장소	동종 간, 상동염색체 내	이종 간
유전자 이동	유성생식	생식과 무관
유전자 이동방법	암수교배	백터를 이용한 희망 유전자 이전
유형	자연적	인공적
기간	농가 보급까지 수 년	농가 보급까지 수 년
생산물	완전, 소비자 친화적	외형 완전, 유전자적 불완전
특허	필요 없음	80%가 유럽·미국(모든 시약 등) 소유
관심, 주관	농민, 공립 연구기관	주주이익, 다국적 회사

지금까지 해왔던 전통 육종과 유전자 변형 기술의 차이를 나타난 것이 〈표 2.5.〉이다. 전통 육종과 유전자 변형 기술 모두 염색체 내의 유전자 변형이 야기되는 기술이나 유전자 변형 연구를 적극적으로 지지하는 사람들은 자신들이 하는 기술은 원하는 유전자를 핀셋으로 떼어내어 이식하는 간편한 기술로 선전하고 있다. 반면 전통 육종은 정확한 위치에서 변형이 일어나는 것이 아니라 많은 변형이 동시에 일어나기 때문에 문제라고 주장하나 전통 육종에서의 유전자 조합은 서로 유사한 상동염책체끼리이며 교환이 일어나는 장소 역시 상동염색체 내이다.

반면 유전자 변형 기술은 종의 벽을 넘어 모든 필요한 유전자를 이식할 수 있다. 목적 유전자 이동수단으로 많이 이용하는 아그로박테리움은 몬산토 사의 폐수처리장에서 채취한 미생물이며,

여기에 이식한 제초제 내성 유전자는 한국에서는 근사미라고 알려진 농약, 베트남전쟁에서 정글을 고사시키기 위해 사용된 제초제의 주성분이다. 유전자를 구성하는 DNA가 물질이므로 절단과 이식이 가능하다.

전통 육종에서는 암수교배를 통해서만 유전자가 교환되지만 유전자 변형 기법에서는 운반체를 이용하여 유전자 발현을 일으키는 DNA를 떼고 붙이는 조작을 할 수 있다. 자연에서의 생식은 이러한 교배 시에 발생하는 돌연변이가 세포 한 개가 한 번 분열하는 동안 1만여 곳에서 일어나게 되는데 이는 복구체계가 있어 감수분열을 통해 DNA 상처를 복구한다. 인간이 필요한 희망 유전자를 발현시키기 위해 DNA 조각을 유전체의 불특정 장소에 삽입하는 유전자 조작 역시 세포에 엄청난 충격을 주는 것임에 틀림없으며, 이로 인해 수백, 수천의 돌연변이가 일어나 전통 육종 시 일어나는 것보다 훨씬 클 수 있다.

비유적으로 말하면 전통 육종은 23개의 서가가 있는 작은 도서관에서 단지 한 개의 서가에서만 책의 이동이 이루어지는 반면 유전자 변형 기술에서는 23개 서가의 특정 도서 지정 페이지에서 필요한 몇 줄만 삽입 또는 제거하는 기술이라고 설명하고 있다. 그러나 혹을 떼어 붙이는 것처럼 쉬운 기술이라는 설명만으로는 부족하다. 왜냐하면 하나의 유전자가 발현되려면 유전자 세트(프로모터, 도입 유전자, 터미네이터)를 삽입해야 하고 그 과정에서 인트론의 제거, 코돈의 재구성이 일어나기 때문이다. 반대론자는 인공적인 충격은 단지 그 페이지뿐만 아니라 23개 전체 서가에 영향을 줄 수 있다고 주장한다.

(2) 유전자가 변형된 제초제 저항성 대두의 유전자 조성의 예

유전자를 변형시키려면 앞 절에서 설명한 여러 과정을 거친다. 제초제 저항성 대두의 경우 대두의 유전자와 전혀 상관이 없는 제초 및 살충성을 지닌 토양 박테리아의 유전자를 제한효소라는 가위로 잘라 박테리움을 매개로 대두에 삽입하나 원핵생물인 박테리아와 진핵생물인 대두는 유전자 읽기와 번역 과정이 달라 시작하는 부위를 지정하는 포로모터와 전사를 끝내는 터미네이터 등을 함께 삽입해야 작동이 된다.

즉, 예시에 드는 대두의 경우 형질전환에 사용되는 벡터의 구성은 외래 유용 유전자(예: 제초제 내성 유전자 CP4-EPSPS)를 콜리플라워 모자이크 바이러스의 프로모터(E35S) 및 목적 유전자를 엽록체로 이동시키기 위한 피튜니아 엽록체 수송 펩타이드(CTP4)를 하류에 연결한다. 그리고 전사를 종결하기 위한 터미네이터(NOS3)를 이어서 연결한다(그림 2.14.). 이러한 벡터를 이용하여 대두의 형질전환을 시도할 경우 대두의 유전체가 인공적으로 수정되어 제초제 내성 형질이 발현될 수 있다. 기존 식물에 다른 식물에서 유래한 새로운 유전자가 삽입되면서 때에 따라 인트론이 제거되고 코돈이 재구성되기도 한다. 현재 상업적으로 이용되고 있는 거의 모든 형질전환 식물의 경우 바이러스에서 유래한 강력한 프로모터를 이용한다. 이러한 외래 프로모터는 기존 식물에서 정교하게 작동하는 세포의 에너지 소비 패턴을 불안정하게 만들고 잠재

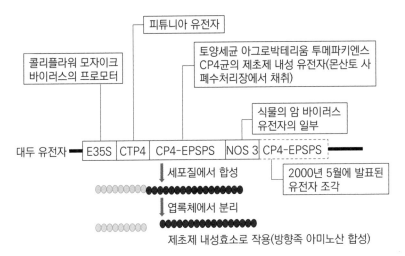

피튜니아 유전자

토양세균 아그로박테리움 투메파키엔스
CP4균의 제초제 내성 유전자(몬산토 사
폐수처리장에서 채취)

콜리플라워 모자이크
바이러스의 프로모터

식물의 암 바이러스
유전자의 일부

대두 유전자 ■ E35S | CTP4 | CP4-EPSPS | NOS 3 | CP4-EPSPS ■

세포질에서 합성

2000년 5월에 발표된
유전자 조각

엽록체에서 분리

제초제 내성효소로 작용(방향족 아미노산 합성)

≫그림 2.14. 몬산토 사가 개발한 라운드업 내성 대두의 유전자 구성

출처: 河田昌東, 2002.

적으로 다른 유전자의 불균형적 복사/전사를 일으킬 수 있다. 외
래 유전자 삽입은 무작위이며 광범위하게 이루어지기 때문에 기
존 식물세포 유전체 기능에 대한 손상을 집중적으로 가할 수도 있
다(河田昌東, 2002).

유전자 변형 기술에 대해 회의적인 시각으로 보는 사람들이 주
장하는 기능적 문제점은 〈표 2.6.〉과 같다.

한편 유전자 변형 기술로 생산된 작물의 안전성에 대한 논의가
계속 진행되면서 이러한 농산물이 알레르기를 유발할 수 있다는
발표, 라운드업 내성 작물은 불임유발과 사망률이 높다는 것, 생
쥐의 생식과 장기에 악영향을 미친다는 주장, 쥐의 암 발생이 높
다는 주장 등이 유전자 변형 작물 반대 지지자들의 주장이다. 한

조작과정	문제점
삽입과정	삽입 유전자와 숙주 유전자 간의 프로모터와 테미네이터 기능 문제, 삽입 유전자 양과 삽입 부위 제어 불가
유전자 발현 촉진	세균 유전자 프로모터의 기능 향상을 위해 35S라는 유전자를 삽입할 때 저항이 있어야 할 유전자(도입 유전자 세포)도 함께 죽는 협조적 붕괴현상 발생
유전자 삽입 시	숙주세포에 원하는 유전자를 도입하기 위해 유전자 총(particle bombardment)을 사용할 경우 숙주 전체 유전체에 막대한 충격 발생
삽입 프로모터	숙주작물의 특정 물질의 불활성화 또는 과활성화로 인해 특이물질을 생산. 라운드업 대두에서 생산량 5% 감소
결과물	고사, 기형, 여러 장애 등으로 불안전한 식품생산

출처: Druker, 2015.

편 캐나다의 의사협회는 유전자 변형 농산물은 인체에 무해하다는 의견을 피력한 바도 있다. 지지자와 반대자들의 주장 모두 인간의 판단영역을 넘는 부분이 존재하는 것 또한 사실이다.

(3) 기아문제 해결 대 미해결

유전자 변형 기술의 지지자들의 한결같은 주장은 이 기술이야말로 점증하는 식량문제를 해결할 수 있는 유일한 방법이라는 것이다. 어느 나라든 기아선상에 허덕이는 인구는 존재하며 특히 제3세계는 이러한 문제가 심각하다. 그러나 현재의 세계 식량 생산량은 전 세계 인구를 부양할 만큼 충분한 양이며 여러 가지 이유로 사하라 사막 이남에 전달되지 못할 뿐이다. 생산의 문제가 아니라 분배의 문제로 보는 것이 일반적인 견해이다.

앞 절에서도 설명한 바와 같이 몬산토 사에서도 한때 2030년에 100억 명에 달하는 인구를 어떻게 부양할 것인가라는 내용의 홍보를 펼친 적이 있으며, 중역 중 한 사람도 미국 농민이 90억 명에 이르는 인구의 식량을 수출하기 위한 경쟁력을 확보하기 위해 유전자 변형 작물의 개발이 필요하다고 주장한 바 있다. 여기에서의 역점은 장래 시장이 거대하고 유전자 변형 작물의 개발은 식량생산에 효율적이다라는 점을 강조한 것이다.

그러나 대기업이 막대한 자금을 투자하여 세계 기아문제를 해결해야 한다는 것은 농민이나 주주에게는 그럴듯한 설명이지만 실제로는 투자에 대한 단기적 회수가 가능한 시장이 필요하다. 즉, 시장이나 필요작물 등을 고려할 때 구매력이 없는 제3세계의 국민을 위한 것이 아니라는 점이다. 최근의 경향은 생산되는 GMO 곡류는 대부분 사료용과 연료용으로 사용되고 있으며, 이로 미루어 한국이나 일본, 최근에는 중국 등에 미국형 육식문화를 지배하기 위한 목표가 유전자 변형 작물이라는 주장도 있다(大塚善樹, 2001).

세계의 기아 인구는 8억 4000만 명 정도인데 98％가 저개발국가의 국민들이며, 이중 62％는 동아시아에 몰려 있다. 하루 소비가 1달러 미만인 나라의 사람들이 대부분이다. 최빈국의 기아문제 해결에 초점을 맞추었던 것이 제1의 녹색혁명이었으며 공공기관에 따른 연구로 기적의 밀과 벼라 부르는 증산운동이었다. 그러나 제2의 녹색혁명의 주역은 다국적 회사로 공공의 목적으로 연구하는 것이 아니라 투자에 대한 회수를 위한 사업을 하는 것으로 기아문제 해결에는 큰 관심이 없다. 현재 전 세계의 10.9%가 기아선상에 있고 아프리카는 20.4%, 아시아는 11.4%가 배고픔에 시달리고 있다. 2005년에는 15%의 인구가 배고픔에 시달렸고 경제성장과 함께 그 비율도 감소하고 있다(FAO, 2017).

|2| 경제적·환경적 측면

(1) 경제적 혜택 대 다국적 회사에 종속

유전자 변형 작물의 재배가 농민에게 경제적 효과에 대한 연구는 부정과 긍정의 연구결과가 있다. 2010년 미국 과학자들의 연구는 유전자 변형 옥수수를 재배하는 미국 중부 5개 주의 농가를 조사한 결과 옥수수 유전자 변형 작물이 지난 14년간 69억 달러의 경제적 효과가 있었다고 하였다. 그러나 그들은 이러한 경제적 이익(43억 달러)이 비유전자 변형 옥수수에서 비롯되었다는 사실을 밝혔는데, 이는 Bt 옥수수를 공격하는 조명나방의 사멸로 비Bt 옥수수를 공격하는 개체가 적었기 때문에 이와 같은 결과가 나타났다고 했다. 참고로 유전자 변형 작물을 재배하는 농가는 피난처로 재배면적의 20%를 일반 옥수수를 식재하여 Bt 옥수수에 죽지 않는 벌레가 이동하도록 권장하고 있다(Wiki Serise, 2011).

반면 경제적으로 유익하다는 연구도 있는데 제초제 내성, 해충 내성 유전자 변형 작물은 21.5%의 증수와 살충제 비용을 39% 절약할 수 있었고 그로 인해 이익이 69% 증가했다는 보고도 있으며, 유전자 변형 대두, 옥수수, 목화를 재배한 농가는 일반적으로 경제적 대가가 있었으나 그 결과는 다양하였다(National Academies of Science, 2016).

한편 유전자 변형 작물의 종자 값이 일반 종자에 비해 고가이고, 또한 별도의 제초제, 살충제 비용이 들기 때문에 신용대출이 어려운 소농은 불리하다. 즉, 이러한 유전자 변형 작물을 이용할 수 있는 사람은 부유한 소농이다. 그러나 작목 중 파파야는 농약을 사용하지 않기 때문에 소농에 유리한 작물이다.

유전자 변형 작물 재배를 통해 가장 큰 경제적 이익을 받는 농가는 대농이다. 대농이란 미국이나 호주, 브라질과 같은 넓은 농토를 보유한 나라에서는 100ha 이상의 농가이고, 소농은 5ha 이하를 말한다. 한국의 농가의 평균 경작지 면적은 1.5ha이다.

다국적 기업에 의한 종자 및 식품 지배가 계속되어 세계의 대다수 시민이 이에 종속될 것이라는 우려는 사실이다. 세계 유수의 화학 및 농약회사가 종자산업에 진입하여 인수와 합병 절차를 거쳐 종자시장을 장악하고 있다. 바이엘이 몬사토 사를 인수했고 듀폰과 타워케미컬, 중국화학집단공사와 신젠타연합 등이 그 예이다. 이 세 개 회사가 종자시장의 61%, 농약의 62%를 점유하고 있다. 화학기업이 종자 판매에 나서 농약과 종자를 세트로 판매하는 등 농업 관련 산업 분야를 크게 변모시켰다. 농업을 농업기업으로 바꾸어 소농의 의미를 퇴색시켜 중농은 사라지고 대농과 소농만 존재하도록 변모시켰다(天笠啓祐, 2017).

인도의 경우 전형적인 소규모 농민들은 몬산토 사의 종자와 제초제를 사용하고 신젠타의 살충제를 이용함에 따라 판매권을 갖고 있는 바이엘이 막대한 이익을 가져다 주고 있다. 또한 유전자 변형 작물에 대한 특허는 거의 100%를 다국적 회사가 갖고 있어서 유전자 변형 작물의 개발에 막대한 영향력을 발휘하므로, 이 회사들에 대한 식품의존도가 더욱 높아지는 구조로 변모되었다.

(2) 해충, 잡초 내성 작물 재배로 영농의 생력화 대 농약 사용량 증가

유전자 변형 작물의 재배목적 중 하나는 잡초를 방제하기 위해 농지에 살포하는 제초제에 내성을 갖도록 하는 것이다. 제초제 내성 작물에는 제초제 글리포세이트 또는 글루포시네이트 암모늄에 대한 내성을 갖는 유전자가 도입되었다. 이 제초제는 광범성으로, 내성 유전자를 가진 작물을 제외한 거의 모든 종류의 식물을 고사시킨다. 따라서 농부는 제초제 내성 작물에 한 종류의 제초제만 시용하면 작물 생장기간 동안 효과적으로 제초할 수 있다. 이 기술의 중요한 이점은 제초제가 토양에서 빠르게 분해되어 농약 잔존 문제를 해결, 농약에 의한 불리한 환경영향을 감소시킬 수 있다는 점이다.

유전자 변형 작물 재배의 또 다른 목적은 해충의 피해로부터 작물을 보호하는 것이다. 중요한 것은, 이러한 형질은 해충 피해가 만연한 농지에서 화학 살충제 사용을 줄이면서 수확량을 실질적으로 향상시키는 것이다. Bt 옥수수와 Bt 면화가 가지고 있는 토양 박테리아 바실루스 투린기엔시스(*Bacillus thuringiensis*) 유전자는 특정 곤충에는 독성이지만 척추동물과 비나비목 곤충에는 무해한 결정 단백질을 생산한다. 이 박테리아 유전자를 식물 게놈에 삽입하면 식물이 자체적으로 살충제를 생산할 수 있다. 이 유전자를 삽입한 박테리아의 아종에 따라 나비목(옥수수조명나방) 곤충의 방제에 효과가 있다.

해충 및 잡초 내성 작물 재배로 수량이 증수되었으며 제초제 사용량은 초기에는 단위면적당 제초제 사용량이 감소했으나 그 현상은 지속되지 않았다. 잡초 밀도의 변화도 있었지만 영농에 큰 문제가 되지는 않았다. 잡초 중 글리포세이트에 내성이 있는 것이 2016년 35종 확인되었다. 이중 16종이 특히 글리포세이트의 내성을 갖고 진화하는 것으로 밝혀졌다. 내성을 지연시키려면 제초제를 여러 가지 혼합하여 사용하는 것보다 잡초 관리를 통합적으로 하는 것이 효과적이다(National Academies of Science, 2016).

2006년 보고된 영국의 자료는 이러한 작물의 도입으로 농약 사용량을 15% 감소시켰으며, 이는 자동차 656만 대에서 내뿜는 이산화탄소를 절약할 수 있는 효과가 있다고 하였다. 반면 유기농 센터의 보고 중에는 살충제와 제초제의 사용량이 오히려 증가했다고 발표하였다(Wiki Series, 2011).

한국은 유전자 변형 작물을 재배하고 있지 않으나 농약 사용량이 매년 감소하고 있으며 농약 사용량 감소가 세계적인 추세인지 아니면 유전자 변형 농산물의 재배에 기인한 것인지는 좀 더 많은 연구 데이터를 비교해야 할 것이다. 현재 세계 농약 사용량은 감소하고 있다.

일본 홋카이도에서의 경험에 따르면 농지 100ha에서 대두를 재배할 때 가장 큰 문제는 잡초 관리인데, 유전자 변형 대두는 1년 1회 농약 살포만으로 제초가 가능하여 제초에 투입되는 인력을 대체할 수 있어 생력적으로 대두 재배를 할 수 있었다고 한다. 대농에서는 이러한 작물의 재배가 노력을 절감할 수 있는 수단으로 생각된다.

(3) 환경오염 경감 대 환경 위해성 증가

유전자 변형 작물 지지자들은 유전자 변형 작물의 재배를 통해 기존의 작물보다 농약이나 비료 등을 적게 사용하므로 환경에 대한 긍정적인 효과가 있기 때문에 고차원의 녹색기술이라고 주장한다. 1996년에서 2012년까지 이러한 작물의 재배로 약 5억 kg의 농약을 절감했을 뿐 아니라 2013년 한해에 약 280억 kg의 이산화탄소를 절감한 효과가 있었다고 주장한다(Brookes and Barfoot, 2009). 제초제 및 살충제 사용이 7.9% 감소하였고 환경에 미치는 경감효과를 고려하면 15.4%가 감소했다고 주장한다. 농약 유래 이산화탄소 절약분을 자동차 배출 이산화탄소로 환산하면 1020만 대분에 해당한다는 보고도 있다.

제초제 저항성 작물을 재배하면 불경운 재배가 가능해져 경운에 따른 표토의 유실을 막을 수 있고, 따라서 주변의 환경악화를 경감시킬 수 있다. 즉, 첫째는 작물이 자라기 좋은 양질의 표토를 보호하고, 둘째는 표토 유실로 인한 주변 수계의 하상을 높이는 것을 방지할 수 있다. 잡초가 번무하면 이들이 배출하는 이산화탄소가 많아지는데 제초제 내성 작물을 재배하게 되면 잡초가 제거되기 때문에 그 양은 연간 자동차 50만 대분의 이산화탄소 발생량에 필적한다고 한다(元木 一朗, 2011).

한편 유전자 변형 작물은 여러 가지 자연재해에 잘 견딜 수 있게 되어 내한성, 내염, 질소비료 효율성 등이 높아 영농조건이 불리한 지역에서도 식량생산이 가능해져 식량생산을 간접적으로 돕는다. 농업생산성 향상으로 작부 면적의 확장을 줄일 수 있다. 즉, 산림훼손, 초지보존 등을 통한 간접적인 환경보호 역할을 할 수 있기 때문에 유전자 변형 작물의 재배는 친환경적이 될 수 있다는 주장이다.

질소이용효율이 높은 GM 옥수수, 보리, 밀 등의 개발이 진행되고 있다. 질소시비량이 적기 때문에 경지에서 하천으로 유입되는 질소가 감소하여 하천이나 바다의 환경에 대한 부하가 경감되어 환경에 플러스가 되는 작물이 될 가능성도 있다. 환경보존형 농업을 하기 위해서는 여러 가지의 기술혁신이 필요하고 따라서 토양침식을 경감하는 작물, 불량환경에 내성을 갖는 유전자 변형 작물, 저질소비료로 재배 가능한 작물 개발로 환경보호는 물론 생물다양성을 보전, 유지에 도움을 줄 수도 있다(吉村泰幸, 2013).

반대 측의 입장에서는 세계의 유전자 변형 작물의 재배에 대하여 일반인이 입수할 수 있는 정보는 대부분 국제에그리바이오재단(ISAAA)의 연례보고서이며, 이 단체를 운영하는 경비는 거의 관련 업계에서 나오므로, 유전자 변형 작물이 우수하다는 정보밖에 없다고 주장한다.

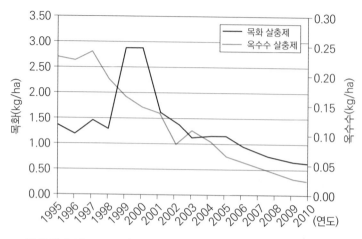

>>그림 2.15. 1995년에서 2010년까지 연도별 농약 사용량의 추이

출처: Fernandez-Cornejo, 2014.

지지자들은 농약 사용량이 감소하여 친환경적 영농이 가능하다고 주장하나 제초제 내성과 관련 농약인 라운드업의 생산량은 오히려 증가했다는 것이다. 즉, 비름(대표적인 밭잡초)과 같은 잡초는 글리포세이트 생성효소를 만드는 유전자 수를 늘려 이 잡초가 라운드업에 내성을 갖게 했다고 한다(제임스 왓슨 외, 2017).

유전자 변형 작물을 반대하는 사람들의 논리는 잘못된 유전자가 환경에 유출되면 방사능 유출보다 더 위험한데, 그 이유는 생태계에서 일어나기 때문에 예측불가의 사태가 발생할 수 있고 그 과정에서 빠른 속도로 번식하거나 돌연변이가 발생하여 인력으로 제어가 불가능한 상황이 발생할 수 있다는 점을 인용하기도 한다.

지금까지 반대 측의 주장은 유전자 변형 작물이 작물종 다양성 파괴, 유전자 수평이동, 슈퍼 잡초 및 해충의 발생으로 생태계 교란으로 이어질 것이라는 주장을 펴고 있다는 것이다(경규항, 2016). 유전자 변형 작물은 지구상에 존재하지 않는 새로운 작물 출현으로 오히려 종 다양성에 기여할 수도 있다. 반면 재배작물의 단순화로 인해 다양성이 감소되는 측면도 있다.

반대 측 주장 중 생태교란에 대한 염려는 설득력이 있다. 왜냐하면 제초제나 해충 방제용 농약에 죽지 않는 슈퍼 잡초나 해충이 발생한 예가 보고되고 있기 때문이다. 예를 들어 유전자 수평이동의 경우, 즉 마커로 쓰이는 항생물질 내성 유전자가 인간의 장내 세균 및 세포로 이동할 가능성이 상존한다. 슈퍼 잡초나 해충의 경우도 마찬가지이다. 항생제를 오랫동안 사용하다 보면 내성이 생기는데 이는 기존 항생제가 듣지 않는 새로운 돌연변이 세균이 만들어졌기 때문이다. 제초제 내성 및 해충 내성 작물도 마찬가지로 기존의 제초제 내성 및 해충 내성이 생긴 새로운 잡초나 해충이 발생할 개연성은 충분하며 이러한 보고도 많다. 이를 방지하기 위해 몇 가지 내성인자를 도입하거나 재배면적의 20% 정도를 피난처로 할당하도록 권장하고 있다.

유전자 변형 작물이 생태계나 환경에 미칠 위험성은 상존하며 단기적으로 볼 때 큰 문제가 되지 않지만 우리가 되새겨 보아야 할 것은《침묵의 봄》을 쓴 칼슨의 경고이다.

그녀는 "시간-1년 단위가 아니라 천 년 단위 시간이 주어지면 생명은 적응한다. 그리고 균형에 도달한다. 시간이 가장 근본적인 요소이기 때문이다. 그러나 현대 세계에는 시간이 없다. 자연의 신중한 속도에 비해 충동적이고 무분별한 인간의 속도가 급격한 변화와 새로운 상황을 만들어 낸다"(레이첼 칼슨, 2016).

(4) 수량 증수 대 지속적 곡물생산 불가

유전자 변형 작물의 지지자들의 주장 중 하나는 이러한 개발을 통하여 증수가 가능하고 따라서 점증하는 세계 인구의 식량문제 해결에 도움을 줄 수 있다는 논리이다. 미국 농무성 경제조사국이 농민을 대상으로 한 설문조사에서 옥수수, 대두, 면화 재배 시 유전자 변형 작물을 재배하는 목적이 수량 증가에 있다고 대답한 농가가 세 작목 모두에서 60% 이상이며, 그밖에 농약 살포, 비용절감, 작업시간 단축 등을 들고 있다. 그리고 유전자 변형 작물의 재배를 통해 단위면적당 수량 증가, 세계 곡물 생산량의 증가, 농작업의 생력화를 기할 수 있는 등의 이점이 있다고 주장한다.

그밖에 멕시코에서는 대두 재배 시 9% 수량 증수, 루마니아에서는 대두 재배 시 31%, 필리핀에서는 옥수수 재배 시 15% 및 24%, 하와이에서는 바이러스 내성 파파야 재배 시 40%, 인도에서는 목화 재배 시 50% 이상 수량 증가 보고 등이 있다(元木 一朗, 2011). 2006년도의 유전자 변형 작물에 의한 증산은 6700만 명분이라는 보고도 있다.

그러나 최근의 보고를 보면 유전자 변형 옥수수, 대두, 목화의 재배가 증수에 영향을 주었다는 연구결과는 없다. 작물의 수량을 지배하는 요인은 결정요인, 제한요인, 감소요인의 세 가지로 나눌 수 있는데, 결정요인은 수량에 직접적으로 영향을 미치는 것으로 이산화탄소의 함량, 일광온도, 작물의 특성이다. 또한 수량 제한

요인은 유전적인 개량을 통해서 가능한 것으로 수분의 이용성 증대나 영양소 가용성 향상에 관여하는 유전자로 변형시킴으로써 가능하다. 감소요인은 잡초, 해충, 질병, 산도 등인데 지금까지의 유전자 변형 작물은 감소요인을 높이는 데 치중하였다. 또 연구는 환경 스트레스 감소, 온도·수분·염도 등에 내성을 가진 작물을 만드는 데 주력했다. 이 분야의 개선을 통해 생력적인 영농을 할 수 있도록 도움을 준 것은 사실이다. 그러나 유전자 변형 작물의 증수에 대한 효과를 명확히 밝히려면 증수가 유전적인 요인에서 기인한 것인지, 환경적인 요인에서 기인한 것인지를 밝혀야 명확해진다(National Academies of Science, 2016).

미국과학아카데미는 유전공학 작물과 관행식물 육종이 증수율에 미치는 유전공학 형질의 유발효과를 분석한 결과 옥수수, 목화, 대두에 관한 미국의 전국 데이터는 유전공학 기술이 수량 증

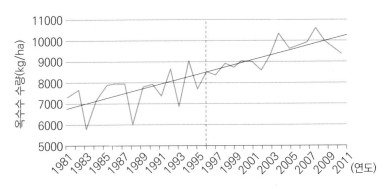

》》그림 2.16. 1981~2011년 사이 옥수수 증수 변화

* 점선은 유전자 변형 작물의 최초 도입 시기
출처: Duke, 2015.

수율 증가속도에 커다란 영향을 미치고 있다는 특징을 보이지 않는다고 했다.

유전자 변형 작물이 지속적 농업에 기여할 것인지에 대한 논쟁 또한 뜨겁다. 결론은 기여도가 그리 크지 않을 것이라는 점이다. 지속적 농업의 조건은 투입과 생산이 같아야 한다는 것인데, 현대 농업과 같은 과투입(자재, 에너지)은 지속적일 수 없기 때문이다.

지속적 농업의 조건은 첫째 생산성과 수익성이 확보되고, 둘째 자원과 환경을 보전하며, 셋째 건강과 식품의 안전성을 확보해야 한다는 원칙을 만족시켜야만 한다. 이의 실천적 수단으로는 윤작, 병충해 방제, 유기물의 이용, 토양 및 수질의 보호, 생태계 시스템의 활용이 이루어져야 할 뿐만 아니라 경종과 축산이 결합해야 하고, 녹비작물을 활용해야 하며, 잡초나 해충을 방제할 수 있는 기술을 사용해야 한다(米內山 昭和·阿部 秀明, 1999).

제1, 제2의 녹색혁명에서 사용되는 기법은 기계, 영농자재(농약과 비료), 에너지의 과투입이다. 이러한 혁명은 지속적인 녹색혁명이 될 수 없음이 자명하며, 그 이유는 지구상의 자원이 유한하기 때문이다. 여기에서 제3의 길을 선택해야만 하는 필요성이 제기된다.

경규항. 2016. 〈GMO 유해성 논쟁의 실상〉. 《에듀컨텐츠》. 휴피아.

김동헌 외. 2018. 〈신육종기술의 규제 전망 및 문제점〉. *J. Appl. Biol. Chem.* 61(4). pp. 305~314.

김태산. 2018. 〈GMO 연구 개발 상업화 동향〉. 《종자과학과 산업》 14:2호.

남상유 · 권혁빈 · 최선심. 2016. 《유전공학의 이해》. 라이프 사이언스.

레이첼 칼슨. 김은령 역. 2011. 《침묵의 봄》. 에코리브르.

Renneberg Reinchard, Viola Berkling. 방원기 역. 2018. 《생명공학의 세계》. 라이프사이언스.

박상렬 외. 2019. 〈신육종 기술 및 작물 개발 동향〉. *Korean J. Breed. Sci.* 51(3). pp. 161~174.

박수진. 2018. 〈Comparative transcriptome analysis of ethylene and cytokinin regulated leaf senescence〉. 포항공대 박사학위논문.

박수철 · 김해영 · 이철호. 2015. 《GMO(유전자변형생명체) 바로알기》. 한국식량안보연구재단.

박순직 · 김홍열 · 오대근. 2013. 《재배식물육종학》. 한국방송통신대학 교출판부.

박종형. 2019. 《생명과학을 쉽게 쓰려고 노력했습니다》. 책의미래.

Brown, T. A.. 이병무 역. 2017. 《유전자 클로닝과 DNA 분석》. 월드사이언스.

사이언스온. 2010. 《GMO 논쟁상자를 다시 열다》. 한겨레신문사.

생명공학기술바로알기협의회. 2009. 《식탁 위 생명공학》. 푸른길.

생명공학정책연구센터, 2018. 《지구촌 리포트 8월 下 - 유럽》. 생명공학정책연구센터.

싯다르타 무케르치. 2018.《유전자의 내밀한 역사》. 까치글방.

에드워드 에델슨. 최돈찬 역. 2002.《유전학의 탄생과 멘델》. 바다출판사.

에르빈 슈뢰딩거. 김정훈 역. 2012.《생명이란 무엇인가》. 웅진씽크빅.

와타나베 츠토무·아오노 유리. 이영주 역. 2001.《3일 만에 읽는 유전
　자》. 서울문화사.

이상현. 2017.〈세계 GM 작물 재배 동향〉.《세계농업》205호 (1).

이신우. 2019.〈외래 DNA 단편이 잔존하지 않는 유전자 교정 식물에
　대한 GMO 규제 범위의 제외에 관한 국제 동향〉. *J. Plant.
　Biotechnol* 46, pp. 137~142.

제임스 D. 왓슨·앤드루 베리·케빈 데이비스. 이한음 역. 2017.《유전
　자혁명 이야기》. 까치.

주요한. 2007.《기아의 해결책으로서의 유전자 조작식품》. 대구가톨릭
　대학교 대학원.

케이블린 셔틀리. 김은영 역. 2016.《슬픈 옥수수》. 풀빛.

한국바이오안전성정보센터. 2019.《식품용·농업용 LMO 수입승인 현
　황》. 한국바이오안전성정보센터.

한국소비자연맹. 2007.《GM작물, GM식품 이것이 궁금합니다》. 한국
　소비자연맹.

후쿠오카 신이치. 김소연 역. 2008.《생물과 무생물 사이》. 은행나무.

吉村泰辛. 2013.〈遺伝子組換え作物と生物多樣性，そして私の生活〉.
　《雜草硏究》Vol 58(2). pp. 90~96.

農林水産省. 2013.《遺伝子組換の作物の狀況たついて》. 農林水産省.

大塚善樹. 2001.《遺伝子組換ぇ作物―大論爭. 何か問題なのか》. 明石
　書店.

米內山 昭和·阿部 秀明. 1999.《持續的農業と環境保全へのアプロー
　チ》. 泉文堂.

森田滿樹. 2015. 〈教科書副讀本た見遺るGM作物の誤解〉. 《遺伝子組換の作物》. エネルギ フォルム.

森和俊. 2018. 《細胞の中の分子生物學》. 講談社.

小島正美. 2015. 《遺伝子組換の作物》. エネルギ フォルム.

元木 一朗. 2011. 《遺伝子組換え食品の付き合いかた》. Ohmsha.

中島達雄. 2015. 〈理解進まぬアメリカの現狀〉. 《遺伝子組換の作物》. エネルギ フォルム.

ヅャツク・テスタル. 2013. 《なぜ遺伝子組換え作物に反對なのか?》. 錄風出版.

天笠啓祐. 2017. 《子どもに食べせたくない 遺伝子組み換え食品》. 芽ばえ社.

推名 隆・石埼陽子・內田健・芽野信行. 2015. 《遺伝子組換えは農業へ何をもたらすか》.

河田昌東. 2002. 〈遺伝子組換の作物と廣がる遺伝子汚染〉. 《有機農業研究年報》2, p. 74. コモンズ.

Brookes, G. and P. Barfoot. 2009. *GM crops: Global socio-economic and emvironment impacts 1996-2007*. 바이오안정성정보센터.

Duke, S. O.. 2015. "Perspective on transgenic herbicide-resistant crops in the USA almost 20 years after introduction." *Pest Management Science* 71. pp. 652~657.

Druker, Steven M.. 2015. *Altered Gene, Twisted Truth*. Jane Goodall.

FAO. 2017. *The future of food and agriculture: Trends and challenges*. FAO.

Fernandez-Cornejo, J., S. J. Wechsler, M. lingstone, and L. Mitchell. 2014. *Genetically Eneineered Crops in the United States*. Washington, DC: U. S. Department of Agriculture

Economic Research Service.

ISAAA. 2016. Global Status of Commercialized Biotech/GM Crops. ISAAA Briefs 52.ISAAA.

Ma X., Zhu Q., Chen Y., and Liu Y.-G.. 2016. "CRISPR/Cas9 Platforms for Genome Editing in Plants: Developments and Applications." *Mol. Plant* 9. pp. 961~974.

Mempis. 2011. *Genetically Modified Organism In Agriculture*. Books LLC.

National Academies of Science. 2016. *Genetically engineered crops: experiences and prospects*. National Academies Press.

Pamela, C. and Raouo W. Adamchak. 2008. *Tomorrow's Table Organic Farming, Genetics, and the Future of Food*. Oxford University.

Rochman, Bonie. 2012. *The DNA dillema: A test could change your life*. TIME.

Wesseler, Justus and David Zilberman. 2013. "The Economic Power of the Golden Rice Opposition." *Environment and Development Economic* 19. pp. 724~742.

Wiki Series. 2011. *Genetically Modified Organisms in Agriculture*. Memphis.

Wu Felicia and William Butz. 2004. *Future of Genetically Modified Crops: Lessons from the Green Revolution RAND Corporation*.

제3의 녹색혁명,
소비자혁명

들어가기

두 차례의 녹색혁명을 거치는 지난 50년 동안 세계는 사회경제적으로 급격한 변화를 겪었다. 가족을 위한 생계농업은 판매를 위한 상업농으로 그리고 현재는 자국뿐 아니라 세계의 소비자를 만족시킬 수 있는 범세계인을 위한 농산품을 생산해야만 하는 시대에 살고 있다. 대가족제도가 붕괴되어 핵가족제도로 변모되고, 인력과 축력에 의존하던 시대를 거쳐 기계화농업의 시대로 접어들면서 화석에너지 중심의 농촌으로 변화하였다. 그리하여 육체적으로 강한 노동자보다 농기계를 잘 다루는 농민이 필요해졌고 그 뒤 컴퓨터에 능한 사람이, 앞으로는 ICT를 통달한 농부가 미래 농업의 주도권을 쥘 것으로 예상하고 있다. 에빈 토플러의 제1의 물결시대에는 건강하고 부지런한 사람, 제2의 물결시대에는 사랑, 제3의 물결시대에는 성적 매력과 심리적 만족감을 줄 수 있는 사람이 필요하였으나 제4의 물결 시대는 그 모든 것을 뛰어넘는 인재를 필요로 하는 시대에 살고 있다.

제1의 녹색혁명은 생산량의 절대적 증산이 목표였고, 제2차 녹색혁명은 작물 및 노동생산성을 높이는 영농에 관심의 초점이 맞추어져 있다. 하지만 두 혁명 모두 석유에너지를 기반으로 한 비료와 농약에 의존한 공통점이 있다. 제1의 녹색혁명은 농약, 비료 수리시설을 기반으로 한 생산량 증대가 그 기본목표였지만 제2의 녹색혁명에서는 유전자의 변형을 통해 환경이 불리한 지역이나 생산여건이 좋지 않은, 즉 모래땅이나 염분이 많은 지역 혹은 건조한 지역에서도 적응할 수 있는 새로운 작물을 육종하는 데 힘을 기울였다. 나아가 부가가치가 높은 기능성 작물, 저장성이 높은 품종 육성에 연구의 초점을 맞추었다. 바이러스나 각종 충해에 견딜 수 있는 작물 육종에 목표를 두어 일부 성과를 내고 있다.

제1, 제2의 녹색혁명은 기본적으로 고에너지 투입에 기초한 농업이었다. 여러 가지 통계는 현재의 농지에서 장차 늘어나는 인구를 감당할 식량생산의 가능성에 대해 회의적인 시각으로 보고 있다. 세계식량농업기구의 예측에 따르면 2050년 97억 명의 인구를 부양하려면 현재보다 약 2배의 식량이 필요한 것으로 관측하고 있다. 벼, 옥수수, 밀, 감자 중심의 단작체계의 영농으로는 지속적인 생산이 불가능하다는 것을 지적하고 있다. 지금까지 알려진 지속가능한 농업기술은 종합적 병충해 관리나 영양 시스템, 유기농업 등이다. 이러한 기술을 통한 식량증산을 비관적으로 보는 이가 많다.

그렇다면 세계의 식량, 영양안보를 위한 제3의 길은 무엇일까? 생산의 한계를 극복할 수 있는 대안은 합리적인 소비에서 찾아야 한다. 현대의 소비자는 개인적이며 참여하고자 하며 올바른 정보를 잘 입수하는 특성이 있다. 이들로 하여금 식품을 단지 물질적 소비가 아닌 지구라는 행성과 자신의 건강을 살릴 수 있는 길이 무엇인가를 깨닫게 하는 정신적 소비로 방향을 전환할 수 있는 방법을 모색해야 한다. 여기서 제3의 녹색혁명, 즉 소비자혁명의 필요성이 대두된다. 그리하여 미래의 식량문제 해결의 한 방안으로 제3의 녹색혁명를 제시하고자 하는 것이다.

그 방법론으로는 녹색소비를 들 수 있는데 녹색소비란 합리적 소비를 통해 개인의 삶의 질을 높일 수 있을 뿐 아니라 지속가능한 지구를 만들 수 있다. 이 개념은 생태효율성, 환경용량, 생태공간, 생태발자국을 모태로 하여 식량을 합리적으로 소비를 하는 것이다. 식량문제의 해결은 소비자의 자각과 행동이 요구되는 제3의 녹색혁명을 통해 달성되기를 기대하며 이 장의 서문을 열고자 한다.

3.1. 제3의 길을 위하여

현재 한국 농정은 스마트팜 운영에 목표를 두고 있다. 영농에 필요한 비료, 종자, 농약, 날씨, 농산물 시장가격 등의 정보를 트랙터에 총합적으로 입력하고 여기에 필요한 농자재를 모두 적재한 후 자율 트랙터가 조건에 맞는 날에 농장에 비료, 종자 등을 살포하는 방식이다. 목장에서는 소에 센서를 부착하여 수정, 착유, 급여에 필요한 정보를 얻은 다음 개별 사조에 사료가 자동적으로 투입되는 방식으로 운영되는 것을 기대하고 있다.

제초, 시비, 수확 등 모든 농작업 역시 이러한 정보를 해석한 후 가능해지며, 무인 드론이나 농기계를 리모트컨트롤로 작동시킨다. 온실 역시 마찬가지이다. 창의 개폐, 적정 관수, 중거름 및 수확시기도 모두 이런 방법으로 시행될 수 있다. 이것은 모두 기계와 장비를 동원해야 하는 것이며 에너지가 무제한 그리고 적정가격으로 제공될 수 있을 때만 가능한 농업이다(제러미 리프킨, 2003).

이러한 꿈의 농업이 과연 가능할까? 또한 지속적인 농업으로 자리매김할 수 있을까? 제1, 제2의 녹색혁명을 통한 식량증산은 어느 정도 성공했으나 사하라 이남의 아프리카 국가들의 곡물 토지 생산성은 벨기에 룩셈부르크의 1/7 정도에 불과하다. 기후불리 지역은 여전히 생산성이 낮다. 이것이 제1, 제2의 녹색혁명의 한계이다.

맬서스는 《인구론》에서 생활자료(음식)의 생산은 토지 생산력의 제약으로, 차등급수적(等差級數的, 산술급수)으로밖에 증가하지 않는다고 설파하여 기아의 근원이 토지 생산력 제약에 기인한다고 주장했다. 그리고 그 논거를 수확체감의 법칙에 있다고 보았다. 그러나 세계의 식량생산은 그의 주장 이후의 인구 증가를 상회하고 지속적으로 증가했다. 맬서스의 식량 생산론은 비록 부활과 잠복을 반복하면서 부정되었다. 《성장의 한계》에서는 토지의 생산력 제약의 논거를 비용체증의 법칙을 근거로 하여 다가올 글로벌 식량 위기를 경고했다. 식량증산의 한계가 다가오고 있다는 주장이 계속되었지만 세계의 식량생산은 성장의 한계가 발표된 이후에도 증가해 왔다. 그런 쾌거를 배경으로 현대 세계는 인류 역사상 최초로 기아 근절을 국제적 과제로 제안하게 되었다. 세계는 제2차 세계대전 후 미증유의 식량증산을 실현했다. 게다가 이러한 식량증산을 경지면적의 확대가 아니라 주로 토지 생산성의 향상에 의해 실현시켰다. 수확체감의 법칙의 전대미문의 원리가 농업 생산력의 발전에 의해 부정되고 있으나 과연 언제까지 수확량을 계속 증가시킬 수 있을까?

3.1.1. 제1의 녹색혁명과 제2의 녹색혁명 비교

지난 반세기 동안 녹색혁명의 기치를 들고 증산을 위한 노력을 계속해 왔다. 두 차례의 식량증산혁명이 가진 공통점과 차이점을 비교하고, 미래의 지속적인 식량공급의 가능성을 타진해 보자.

제1의 녹색혁명과 제2의 녹색혁명의 기본적인 차이는 제1의 녹색혁명이 제3세계 식량 문제를 해결하고자 하는 공공 부문에서 인도주의적 의도를 가지고 시작된 반면에 제2의 녹색혁명은 민간 부문에서 이윤추구를 목적으로 행해졌다는 점이다. 제1의 녹색혁명은 정부가, 제2의 녹색혁명은 기업이 강력한 의지를 가지고 식량생산과 사적 이익을 도모하기 위해 적극적으로 추진되었다. 제1의 녹색혁명의 경우 국제농업연구협의그룹(CGIAR)이 조직하고 국제 옥수수·밀개량 센터(CIMMYT)와 국제미작연구소(IRRI) 등과 같은 국제농업연구센터가 주도하고 각국 정부, 민간기금, 농업 관련 기업, 다국적 개발은행이 관리를 맡았다. 제1의 녹색혁명은 작물 육종과 농지의 기반조성을 위한 기간, 화학비료와 농약을 농가에 제공하고 농민을 교육시키기 위해 점진적·단계적으로 시행된 반면에 제2의 녹색혁명은 기업의 자금력과 우수한 인재의 발굴을 통해 상대적으로 빠른 기간에 투자에 대한 이익이 보장될 것이라고 믿는 모든 생물종에 시도되었다.

≫표 3.1. 제1의 녹색혁명과 제2의 녹색혁명의 비교

항목	제1의 녹색혁명(증산혁명)	제2의 녹색혁명(유전자혁명)
개황	공공 부문에 기초 인도주의적 의도 중앙집권적 연구개발 상대적으로 단계적 주요 곡물을 중시	민간 부문에 기초 이윤이 동기 중앙집권적 연구개발 상대적으로 즉시 전 생물종에 관심
목적	비료와 종자에 의한 식량증수를 통해 기아를 해방하고 제3세계의 정치적 긴장을 해소	투입증가 및 가공효율을 높여 계속적 수익 창출
대상자	빈곤층	주주 또는 경영자(부자)
추진인력	국제농업연구 자문기구에 속한 8개 연구소로 과학자 830명이 근무하고 미국의 재단에 보고 공업국 국연기관	미국의 경우만 30개의 농업하이텍 회사에 과학자 1,127명이 근무
작목	밀, 옥수수, 수도 육종	전 식물·동물·미생물 유전자 조작
주요 목적	왜소성 비료반응성 진작	제초제 내성, 병충해 내성 자연대용 공장생산
투자	국제농업연구 자문기구를 통한 농업의 연구개발에 1억 8000만 달러 투자	미국의 경우만 30개의 농업하이텍 회사에서 1억 4400만 달러 투자
전체적인 영향	영향은 대부분 점진적 제3세계의 밀과 벼 재배의 52.8%가 다수확 품종 5억 명이 다른 식품을 얻을 수 없음	극히 크고 때로 급진적 200억 상당의 약초 및 향미작물이 위기에 처함 수십억 달러의 음료, 과자, 설탕, 식용유의 거래손실 가능

농민에 영향 1	종자, 비료, 관수, 농약 접근이 불평등 소농의 토지가 대농의 토지에 병합 경종은 수량을 증가시키나 위험도 증가 식량가격 저하	생산비는 증가 공장형 농업, 몇몇 작물의 경쟁력 상실 투입과 가공능률은 농민에 위험 증가 과잉생산과 원료의 다각화
농민에 영향 2	화학물질(비료, 농약) 최대 사용에 따른 토양 침식 재래종을 신품종으로 교체함에 따른 유전적 약화 재래작물보다 옥수수, 밀, 벼를 집중 재배함에 따른 재래종 재배 감소 관개로 수자원 고갈 압박	녹색혁명의 영향이 계속되어 가속화될 가능성 통제 불가능한 신생물을 환경에 방출 동물과 미생물의 유전적 약화 경제적으로 중요한 작물에 대한 바이오전쟁
소비에 대한 영향	빈곤층의 고가 식품 소비 저하 생산 지역으로 수출	부유한 얍시장(yuppie)의 식품 공급 중시 화학물질 및 생물학적 독성물질 사용 증가
경제적 의미	제3세계 연간 10억 달러 직접 투자 500억~600억 달러 간접투자 미국으로 유입된 유전자 유출로 평가할 때 밀, 벼, 옥수수 연간 20억 달러에 상당	2000년까지 종자생산에 연간 121억 달러 투자 2000년까지 연간 500억 달러 농업투자 제3세계로부터의 유전자 유입 이익을 흡수
정치적 의미	국내 육종계획의 축소 제3세계 농업의 서구화 유전자원 이익을 탈취 종속	국제농업연구 자문기구가 기업이익으로 전환 유전자 원료와 특허를 통하여 유전공학 산업기술 지배

출처: Shiva, 2016.

제2의 녹색혁명의 주도 세력은 다국적 기업으로 최신의 기술을 기반으로 가장 먼저 농장에 직접 투자한다. 민간의 이윤은 제2의 녹색혁명의 주된 원동력이며, 다국적 기업의 지배력을 강화하고, 제3세계의 정부와 시민의 역할을 감소시키는 특징이 있다. 유전자 변형 농산물에 관여하고 있는 다국적 기업은 종자판매대의 44%를 회수하는 것으로 알려졌으며, 종자와 농약을 함께 파는 방식이어서 충격이 더 크다. 농민은 매년 다국적 기업으로부터 육종한 종자를 구입해야 한다. 따라서 이런 회사에 대한 의존도가 높아진다.

제1의 녹색혁명의 수혜자는 빈곤층인 반면 제2의 녹색혁명의 수혜자는 기업에 투자한 주주나 부자들이다. 그렇기 때문에 제1의 녹색혁명은 주로 주곡인 벼, 밀, 옥수수를 중심으로 한 반면에 제2의 녹색혁명에서는 제1의 녹색혁명 대상작물뿐만 아니라 모든 작목으로 확대되었다. 또 작물의 생산성은 물론 약용가치나 식물의 의학적 이용도 그 목표에 포함되었다. 나아가 전 생물종으로 확대되어 기업의 이익을 창출할 수 있는 모든 생물 분야로 그 목표가 되었다는 점에서 차이가 있다.

제1의 녹색혁명의 결과 제3세계의 밀과 벼의 52.8%를 고수량 품종으로 대체하게 된 반면, 제2의 녹색혁명에서는 주로 제초제 및 내병성 작물에 초점을 맞추어 미국, 브라질, 남아메리카 등의 광활한 평지에서 이러한 작물을 재배하게 되었으며, 특히 미국은 재배지의 90% 이상이 소위 유전자 변형 작물이다.

제3세계에서 유전자 변형 작물 종자, 비료, 농약을 구입하지 못하는 농가는 결국 농업을 포기하게 되고 그들의 농지가 대농으로 편입되었으며, 빈농은 도시의 빈민으로 전락하였다. 뿐만 아니라 제1, 제2의 녹색혁명으로 인한 식량증산의 결과, 곡물가격의 하락으로 농업을 포기하는 경우도 발생했다. 결국 제1, 제2의 녹색혁명의 결과 농업경영비가 증가하고 생산비가 높아져 경쟁력 있는 대농만 살아남게 되었다.

이와 함께 농촌의 모습도 크게 변했다. 유축농업이나 돌려짓기와 같은 농법은 사라지고 대규모의 단일 작물재배가 주가 되는 방식으로 변모되었다. 그 결과 지하수위 강하, 고수량 품종의 연작에 따른 토양 미량원소의 결핍현상이 나타났으며 논에서는 유기물이 감소했고 철분이 부족해졌으며, 밀 재배 토양에서는 망간 부족 현상이 나타났다.

단작의 피해는 토양의 미량원소 결핍 문제뿐만 아니라 재배의 생태학적 균형이 붕괴되어 병충해가 대규모 발생하고, 이로 인한 풍흉의 기복이 심해졌다. 생산물의 다양성 문제뿐만 아니라 토양에서의 미생물 균형이 무너져 각종 병충해가 빈발하는 부작용도 생겼다.

과거에는 적어도 7,000종의 작물이 식재료로 이용되었으나 오늘날 인간이 이용하는 농산물의 90%는 20종의 작물에 의해 생산된다. 또 밀, 옥수수, 벼, 감자 등이 세계 식량의 50%를 생산하고 있으며, 15작물이 식량공급의 2/3를 차지하고 있다(吉村泰幸, 2013).

이러한 특성 때문에 개도국의 종자 육종은 축소되었으며 제3세계 농업은 서구화되어 식량 종속으로 이어지지만, 선진국은 유전자 원료와 기술특허를 통해 후진국의 농업을 지배하는 형태로 발전했다. 제2의 녹색혁명은 종자의 유전자를 조작하여 생물적 특성을 바꾸고 농약에 대한 반응을 조절하여 종자에 잡초와 해충 제어 유전인자와 농약에 반응하는 DNA를 완벽하게 통합하여 농업과 유전자원을 완전하게 지배하는 것을 목적으로 한다. 이 과정에서 특허는 막강한 힘을 발휘하는데 현재 유전자 조작에 관한 특허의 80% 이상을 미국과 유럽이 소유하고 있다. 실용특허가 있는 종자보호품종의 제2세대 종자를 그 이듬해에 파종하여 여기서 얻는 종자를 파종하는 것은 불법이다. 실용특허가 있기 때문에 농민이 지불해야 하는 종자 대금은 현재의 두 배는 될 것이라 주장한다(Shiva, 2016).

한편 유전자 변형 작물을 재배하는 미국의 브리앙 스콧은 "유전자 변형 작물은 모든 문제를 해결하는 만병 통치약은 아니지만, 도움이 되는 도구임에는 확실하다. 해충 내성을 가진 Bt 옥수수는 종자 처리가 되어 있으면, 재배기간 중 해충 방제를 거의 하지 않고 그만큼 밭에 필요한 장비를 반입할 필요도 줄어들기 때문에 토양의 경화를 방지할 수 있다. 더 나아가 스프링클러를 작동시키기 위한 물, 연료, 살충제를 줄일 수 있고, 지구에 피해를 덜 입히고 돈도 절약할 수 있다는 것이다"(小島正美, 2015). 대농의 입장을 피력한 견해이다.

녹색혁명이 시작되면서 추진과정에서 야기되는 단계적 문제는 증산과 그에 따른 제한요인, 마케팅, 시장, 자원배분 문제, 사회적 문제 등이 지적되었으나 워튼(1972)은 녹색혁명 추진과정에서 나타난 문제점 및 그 전망에 대해 ① 관개시설이 완성된 지역에서만 가능하다는 점, ② 새로 증산된 생산물 시장에 대한 문제, ③ 소농에 대한 문제, ④ 농가에 대한 영농교육 문제, ⑤ 감광성이 약해 다모작으로 증산된 생산물 건조에 대한 문제를 지적한 바 있다. 그리고 급속한 보급으로 인해, 첫째 다면적 동일 품종의 재배로 인해 일시적으로 발생한 병충해 문제, 둘째 종자, 비료, 농약 등 연관산업의 확충 문제(필리핀의 경우 신품종 재배는 11배의 비용이 더 소용됨), 셋째 다수확된 곡물의 판매에 관한 문제, 넷째 정부의 가격지지정책, 다섯째 식량증산이 생활수준 향상으로 이어질 수 있도록 하는 정책의 문제, 여섯째 기술의 지속성 문제에 대해 기술한 바 있다.

| 1 | 환원주의적 비교

단작(單作, monoculture)이란 동일 토양에 같은 작물을 매해 계속해서 재배하는 경작기술로, 인류가 수세기 동안 해왔던 영농방식이다. 이 방식은 1950년대 이후 무기질 비료의 시용 증가와 함께 생산성이 높은 작물의 육종으로 보다 많은 비료를 요구하는 작물에서 일반화되었다. 화학비료의 대량생산으로 윤작이나 구비를 필요로 하지 않게 되었으며 기계화로 작업속도를 높일 수 있게 되었다. 한 가지 작목을 한 필지의 농토에 파종함에 따라 농기계 이용 시 경작, 파종, 잡초방제, 수확에 효율성을 높일 수 있게 되었다. 물론 이러한 농기계의 이용은 노동효과를 높일 수 있는 장점도 있다. 종래의 비옥도를 높이던 윤작을 통한 자급농업 대신 단작하여 그 수확물을 수출하는 방식의 농업으로 바뀌게 되었다. 이는 곧 재배작물의 단순화를 의미하며 지역적 또는 농장 모두 어떤 특정한 작물만을 재배하는 특화작물 중심의 농업으로 변모했다.

이러한 단작은 집약재배가 중심이 되고 무기질 비료를 사용하며 관개를 하고 농약을 사용한 병충해 방제기술이 동원되며 보다 많은 양분을 투입해야만 하는 영농방식은 유전자 변형 또는 고수량 작물의 육종 결과이다. 녹색혁명의 중심에는 고수량 종자가 있으며, 이러한 농업체계에서의 수량은 농업생태계를 구성하는 다른 요소를 희생시켜, 수량 이외의 생태계 구성 부분을 배제시킨 채 관행농업과 녹색혁명 농업을 수량 중심으로만 판단하게 된다 (Shiva, 2016).

작물의 생태계를 구성하는 요소는 크게 토양, 수분, 물, 작물의 유전력 등이며, 전통농업 체계에서는 작물재배 생태계가 작물, 토양, 가축 간의 공생적 관계가 일반적인 데 비해 녹색혁명 농업 (제1 및 제2의 녹색혁명)은 종자, 비료, 농약 등의 외부 투입물이 공생관계를 대체한다. 종자와 화학물질은, 즉 토양과 수분의 상호작용인 수확물의 질과 양을 평가하는 데 고려대상이 아니다.

농업방식은 크게 혼작을 중심으로 했던 전통농업과 단작을 위주로 한 녹색혁명 농업으로 크게 분류할 수 있다. 전통농업에서는 곡물뿐 아니라 대두, 수수, 벼, 보리, 야채 등 다양한 작물을 재배하는 대신에 녹색혁명 농업에서는 주로 벼나 밀을 재배한다. 전통농업은 토양 비옥도를 유지하기 위해 헤어리베치나 자운영 등이 재배되어 콩과식물의 공중질소고정을 통하여 질소를 토양에 공급하도록 하고, 여기에 다양한 작목을 도입하여 여러 농작물을 수확하였으나 녹색혁명 농업에서는 밀이나 옥수수 같은 곡물만을 목표로 한다.

따라서 단위면적당 수량만을 비교하면 녹색혁명 농업에서 생산되는 생산량이 전통농업에서의 생산량보다 많은 것은 당연하다. 그러나 대두나 녹두의 생산량을 옥수수나 밀의 생산량과 일대일로 비교할 수 없다. 그 이유는 이들의 영양소 함량이 다르기 때문이다. 일반적으로 대두와 같은 콩과식물은 단백질이나 칼로리 함량이 옥수수나 밀에 비하여 높고, 특히 단백질 함량이 약 두 배 더 많다. 즉, 밀이나 쌀의 단백질이 각각 11.8%, 7.9%인 데 비해 녹두 같은 경우에는 24%나 되기 때문에 훨씬 양이 많다. 또한 광물질에서도 쌀과 밀이 각각 0.6%인 데 비해 녹두는 3.5%로 콩과가 월등히 높다.

이와 관련하여 브라운(1973)은 소득이 높아지면 전분식품의 의존도가 낮아지고 과실, 채소, 식용유, 설탕을 대량 소비하게 되며, 그 후에는 축산물의 소비가 늘어난다고 지적하였다. 1970년 당시 북아메리카의 평균 식량섭취량은 1,700파운드이며, 그중 빵이나 오트밀과 같은 식품을 직접 소비하는 섭취량은 150파운드에 불과하고, 그 나머지는 육류, 우유, 달걀의 형식으로 간접적으로 소비되며, 가난한 나라는 평균 400파운드의 곡물을 사용하고 있다고 보고했다. 에너지 식품 생산뿐 아니라 단백질 식품의 균형을 맞춘 공급이 중요하다고 지적한 바 있다.

| 2 | 외부 투입형 농업

전통농업이 내부 순환형 농업인 데 비하여 녹색혁명 농업은 외부 투입형 농업이다. 이러한 형태의 농업은 여러 가지 문제를 야기한다. 〈그림 3.1.〉은 전통(유기)농업의 양분, 수분, 작물, 식품 생산이 어떻게 순환되는지를 보여 준다.

한편 왼쪽의 제1, 2의 녹색혁명 생태계는 농업에서의 외부 투입재의 형태와 이의 생태적 충격을 제시한 것이다. 외부 투입재로 화학비료, 제초제, 살충제와 같은 농약뿐만 아니라 인공관개, 제2의 녹색혁명의 핵심인 유전자 변형 종자의 투입이 제1의 녹색혁명과 다른 특징이다. 이 외부 투입재들이 생태계에 악영향을 미치고 있는데 이것은 화학비료에서 발생된 가스로 인한 온실효과, 토양 비옥도의 파괴, 미량 광물질의 결핍, 토양독성, 산성화, 수량고갈, 유전적 유실, 토양 중의 유기물 감소, 토양양분의 불균형 야기, 농약에 의한 식품, 토양, 음수 및 동물과 인간에 대한 오염 등의 생태적 충격이 가해져 지구생태계를 악화시킨다.

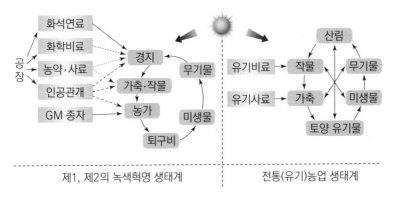

제1, 제2의 녹색혁명 생태계 　　　　　 전통(유기)농업 생태계

≫그림 3.1. 녹색혁명 생태계 및 전통(유기)농업 생태계 비교

출처: 이효원, 2010.

　　오른쪽의 전통(유기)농업 생태계는 토양, 수분, 토양성분의 한 부분으로 유기물이 많으며, 여기에서 생산된 곡류나 사초가 가축의 사료로 사용되고 축산물이나 곡물은 인간의 식량으로 이용되는 상호관계를 잘 나타내고 있다. 전통농업에서의 이러한 농법은 작물성장에 필요한 양분은 농업 생태계에서 자체적으로 순환시켜 친환경적인 농업을 가능케 하고, 녹색혁명 농업에서 볼 수 있는 바와 같은 화학비료의 제조, 이송, 산포하는 데 필요한 에너지를 절약할 수 있다는 점에서도 의미가 있다.

　　녹색혁명 농업을 통한 식량생산 증가는 결국 환경파괴와 생태적 희생의 결과이며 토양의 건전성을 가로막는 식량 생산방식이다. 따라서 생산의 지속성을 어떻게 유지하느냐가 녹색혁명의 한계점을 극복할 수 있는 길이다.

(1) 에너지 사용의 급증

〈표 3.2.〉에서 보는 바와 같이 산업화에 따라 화석연료의 사용이 점점 증가하여 산업화 전기에 3~4%에 불과하던 것이 산업화 후기에는 95% 이상이 화석연료로 대체된다. 노동력은 미국의 경우 총투입에 사용된 노동비율이 0.04에 지나지 않음을 알 수 있다. 결국 완전공업화는 종자, 비료, 농약, 기계화가 종합적으로 나타난 완센트 농업 혹은 일괄농업으로, 에너지 의존도가 아주 높은 산업으로 변모시킨 계기가 되었음을 알 수 있다. 이로 인해 지역자원의 이용, 토착종자의 개량 등과 같은 생태적 접근은 포기하게 되었다. 녹색혁명의 화학적 강화전략은 고수량을 올리지만 이는

≫표 3.2. 수도 재배에서 전공업화, 반공업화, 완전 공업화 시스템

구분	화석연료 (%)	노동력 (일)	총투입에 사용된 노동 비율(%)	총 투입 (MJ)	총생산 (MJ)
산업화 전기					
탄자니아(키롬베로, 1967)	3	144	35	1.44	9.9
윈난(중국, 1938)	4	426	53	5.12	149.3
산업화 중기					
일본(중부, 1963)	90	216	5.2	30.04	73.7
필리핀(1965)	93	72	13	3.61	25
산업화 후기					
수리남(남아메리카)	95	12.6	0.2	45.9	53.7
미국(루이지애나, 1977)	95	3.1	0.04	48	50.8
미국(텍사스)	95	3.1	0.04	55.1	74.7

출처: Shiva, 2016.

지속 가능성을 희생으로 치른 대가로 지불된 고수량일 뿐이다.

　22개 쌀 재배 지역에서의 연구에 따르면 관행농업이 노동력 및 에너지 이용효율이라는 면에서 더 효율적임을 보여 주고 있다 (그림 3.2.). 에너지를 많이 사용하게 되면 비효율적인데 에너지 투입에 대한 생산비율이 공업화 이전은 10 정도였으나 공업화 이후에는 5 그리고 완전 공업화 이후 1에 가까워진다. 식량 생산체계에서 에너지를 많이 사용하면 식품의 형태로 얻어지는 것 또한 많아진다. 이로 인해 농민의 복지가 증진되고 수량이 늘어나지만 기술적 변화 하나만으로는 상존하는 빈부의 양극화를 개선시킬 수 없으며, 오히려 이러한 경향을 악화시킨다. 뿐만 아니라 기술의

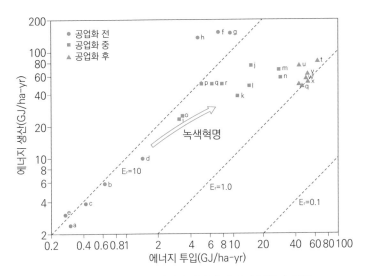

>>그림 3.2. 22개소 쌀체계에서의 에너지 투입과 생산

* Er: 에너지효율

출처: Bayliss-Smith, 1984.

적용 하나만으로 수량을 올릴 수는 없다. 에너지 비용의 분석과 수익의 결과는 열대 지역의 빈곤 지대에서는 그 지역의 실정에 맞는 기술개발이 요구된다는 것을 시사한다(Bayliss-Smith, 1984).

미국 농가에서 에너지 소비 중 가장 많은 비율을 차지하는 것은 비료로 전체 에너지의 31%를 차지하고, 농기계 작동에 19%, 운송에 16%, 관개에 13%를 소비하였다. 녹색혁명과 관련한 에너지 소비는 1945년과 1994년 사이에 에너지 소비는 4배 증가한 반면 생산량은 3배 증가에 그쳤으며 이후에는 상응하는 농산물 증가 없이 에너지 투입만 지속적으로 증가시켜 효용한계점에 도달했다(파이퍼 데일 앨런, 2006).

(2) 화학비료의 다량 시비

녹색혁명 작물은 기본적으로 비료에 잘 적응하도록 육종된 것으로 이와 같은 사실은 노먼 볼로그가 노벨평화상 수상 연설에서 소출증대는 단순히 난쟁이 품종의 개발 때문이 아니라 품종과 질소비료의 혼합 때문이라고 지적하면서 대량 소출 난쟁이 밀과 벼의 품종이 녹색혁명을 야기한 촉매였다면 화학비료는 그 혁명을 앞으로 나가게 만드는 원동력을 제공한 연료였습니다 라고 피력한 바 있다.

화학비료 중 가장 큰 영향을 주었던 것은 질소로 프리츠 하버가 발명한 공중질소고정법으로, 그는 1918년 노벨화학상을 받았는데 오늘날 세계 인구가 섭취하는 영양원의 약 3분의 1이 질소비료의 혜택에 따른 것이다. 질소비료가 없었다면 생존 가능한 인류의 최대치가 36억 명 정도로 추산된다(남도현, 2017).

한국에서도 1961년 충주비료공장을 시발로 영남화학, 진해화학, 한국비료 등의 대단위 비료공장이 준공되어 1975년에는 그 생산량이 1961년에 비하여 23배 증가하였다. 이때의 비료 생산량은 요소 96만 7,000톤, 유안 15만 톤, 용성인비 22만 8,000톤, 복합비료 63만 2,000톤으로 합계 197만 7,000톤이었다. 질소비료에 대한 통일 계통(녹색혁명형 벼)의 반응은 ha당 250kg까지 증가하는 데 비해 일반벼는 150~200kg까지만 수량이 증대된다는 사실에서 녹색혁명 작물이 비료의존형 작물이라는 것을 여실히 보여 주고 있다.

〈그림 3.3.〉을 보면 인도에서는 40% 이상 수입비료에 의존하였는데 이것은 녹색혁명에 이용되었던 왜성품종이 재래종보다 화학비료를 3배에서 4배 더 많이 소비하도록 작출되었기 때문이다.

시바(Shiva)는 화학비료 위주의 녹색혁명의 위험성을 다음과 같이 경고한 바 있다. "20년 동안 이어진 녹색혁명 농업은 펀자브 지역의 비옥한 토양을 파괴시키는 데 성공하였다. 만약 국제적 전문가와 이를 추종하는 자들이 그들의 기술로 토양을 대체하여 화학비료로 토양의 고유한 유기비료를 대신할 수 있다는 잘못을 믿지 않았다면 토양의 비옥도는 몇 대에 걸쳐 수백 년 동안 영구적으로 유지되었을 것이다. 녹색혁명에서는 양분의 상실이나 부족은 화학비료로 생산된 인, 칼리, 질산염 등의 재생 불가능한 투입물로 보충되는 것이 가능하다는 것을 전제로 하고 있다. 양분이 식물을 통하여 토양에서 흡수되고 다시 유기물로 토양에 환원되

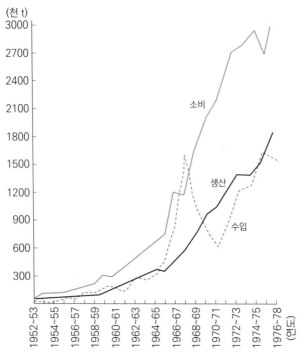

(천 t)

소비

생산

수입

1952~53 1954~55 1956~57 1958~59 1960~61 1962~63 1964~65 1966~67 1968~69 1970~71 1972~73 1974~75 1976~78 (연도)

≫그림 3.3. 인도에서 제1의 녹색혁명 기간 동안의 비료공급 추이

는 양분의 순환이 지질적 추적물로부터 칼리와 인을 얻고 석유로부터 질소를 얻는 단순한 재생 불가능한 것으로 대체되고 있다"(Shiva, 2016).

중국에서도 1990년에서 2012년까지 비료 시용량이 227% 증가했다는 보고는 녹색혁명 당시의 곡물수량이 비료 증시의 결과였음을 말해 주는 단적인 예라 할 수 있다.

녹색혁명에 사용되었던 이른바 기적의 종자는 화학비료를 다량 사용해도 도복하지 않는 단간형 품종이며, 비감광성으로 광선을 잘 수용하여 광합성 능력이 최대가 되도록 잎이 직립이고 분얼성이 좋아, 주어진 기간에 기후변화 및 일조량의 변이에 영향을 적게 받아 다모작이 가능하도록 육종된 것이 특징이다. 그러나 신품종의 생산량과 재래종을 비교했을 때 질소, 인산, 칼리 시용에 대한 증수비는 질소 55 : 44, 인 82 : 78, 칼리 68 : 78이었다. 따라서 비료 증시에 대한 작물수량 증수는 비등가적이라 할 수 있으며, 그 원인은 토양 결핍 성분과 질병으로 생산성이 저하되었기 때문이라고 할 수 있다.

제1차 세계대전 당시 폭약생산에 사용되었던 시설이 비료생산 공장으로 전환되었는데, 여기서 생산된 비료의 판매처가 문제가 되었다. 합성비료는 전쟁물자를 평화적으로 이용할 수 있었으나 투자회수를 위해 외국으로 수출하기를 원했고, 그 결과 많은 비료공장이 제3세계의 개발도상국에 증설되었다.

1967년 인도 뉴델리에서 노벨평화상 수상자인 노먼 볼로그는 인도의 정치가, 대중, 관료를 대상으로 한 연설에서 "내가 만약 국회의원이라면 매 15분마다 벌떡 일어서서 가장 큰 목소리로 비료, 농민에 보다 많은 비료를 공급하자라고 소리칠 것이라면서 이것보다 더 중요한 메시지가 없으며 비료가 인도에 더 많은 식량을 가져다 줄 것이다"라는 의견을 제시한 바 있다(Shiva, 2016). 세계은행 및 미국의 인도에 대한 원조 품목에 비료가 포함되어 있었고, 비료생산공장 건설에 투자가 이루어졌을 뿐만 아니라 이 기간 동안 수입량이 무려 40% 증가하였다.

다른 아시아 국가에서도 비료 시용량이 이 기간 동안 크게 증가하였는데, 1965~1966년 대비 1968~1969년의 비료 소비량은 미얀마 1,100%, 대만 19%, 인도 219%, 일본 19%, 한국 27%, 파키스탄 263%, 필리핀 9%, 터키 254% 증가하여 녹색혁명 기간 동안 비료 시용량이 급증하여 녹색혁명 기간의 곡실 생산량 증가는 화학비료 시용량 증가라는 등식이 성립함을 알 수 있다 (Falcon, 1972).

세계적으로 볼 때 시용량은 1950년부터 1984년까지는 연간 7%씩 증가하여 1950년의 1400만 톤에서 1억 2600만 톤으로 9배 증가하였고, 그뒤 5년 동안은 3%씩 증가하였고 그후 5년은 사용량이 감소하였다(레스터 브라운, 1997).

(3) 제1의 녹색혁명과 농약 시용량

제1의 녹색혁명 시 인도 지역에 도입되었던 신품종은 새로운 병충해에 대한 내성을 갖도록 육종되었으며, 특히 TN1은 1966년에 도입된 개량품종이었음에도 불구하고 벼백엽고병, 잎마름병, 벼멸구 등이 발생하였고, 1968년에는 소구균핵병이나 엽초부패병에 저항성이 있는 품종이 출시되었으나 이 품종 역시 병충해에 감염될 수 있음이 밝혀졌다. PR 계통의 벼 역시 이러한 병충해에 저항성이 있는 것으로 알려졌으나 벼멸구, 흑명나방, 벼백엽고병, 뿌리바구미 등 여러 병충해에 감염되었음이 보고되었다.

동남아시아에서 기적의 쌀로 불렸던 IR8은 1968년과 1969년에 세균성 잎마름병이 광범위하게 발생하였고, 1971년에는 통고병이 크게 번졌으며 인도네시아에서는 50만 ha가 이 병에 감염되었다. 그후 국제미작연구소에서는 성숙일수를 130~135일로 단축시킨 품종, 그후 또다시 단축시켜 110일의 IR36, 30을 개발하였고 나중에는 100일의 IR58을 작출하였다. 이중 IR36은 생육기간도 짧고 고수량이며 도열병, 백엽고병, 벼멸구 등에 대한 저항성이 있는 품종으로 아시아 지역에서 1200만 ha의 논에서 재배되었다 (鵜飼保雄・大澤 良, 2010).

한국에서도 통일계 재배 시 병충해 발생에 대한 보고가 있으며 도열병, 줄무늬잎마름병의 피해는 감소한 반면 이화명충, 흑명나방, 백엽고병, 문고병이 발생하였고, 1975년에는 적고현상이 일어나 경기, 충북 등에서 총 7,834ha에 감염된 바 있다. 한국에서 일반벼에 대한 병충해 검정은 1961년부터 시작되었으며 본격적인 실험은 1970년에 시작되었다. 통일계통은 밀양 15, 22호가 벼줄무늬마름병에 내성을 갖도록 육종되었고, 벼검은줄오갈병에 내성을 갖는 삼성벼가 작출되었다. 병충해 내성 품종은 밀양 30호로 벼멸구에 대한 저항성을 갖는 것으로 알려졌다(식량과학원, 2012).

통일계는 물론이고 일반벼의 증수요인 중 하나는 병충해 발병시 농약살포였다. 농진청 보고에 따르면 도열병 79%, 문고병 58%, 백엽고병 80%, 멸구류 80%, 이화명충 85%, 기타 43%가 농약살포에 의해 방제가 가능했다(그림 3.4.). 이러한 방제를 통하여 수량 감소를 막을 수 있었는데 무방제시 감수율은 도열병 6.5%, 문고병 3.6%, 백엽고병 1.5%, 멸구류 6.0%, 이화명충 2.6%, 기타 0.7%이며, 전체 감수율은 20.9%였다.

생산증가의 원인 중 하나는 농약방제 효과이며, 이것은 1970년

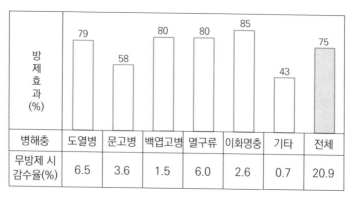

병해충	도열병	문고병	백엽고병	멸구류	이화명충	기타	전체
무방제 시 감수율(%)	6.5	3.6	1.5	6.0	2.6	0.7	20.9

방제효과(%): 도열병 79, 문고병 58, 백엽고병 80, 멸구류 80, 이화명충 85, 기타 43, 전체 75

>>그림 3.4. 한국에서의 수도작 해충방제 효과

출처: 농진청, 1985.

에 농가포장에 창궐했던 이화명충, 멸구류, 나방류, 매미충류가 1974년에는 대폭 감소하였고 통일벼 재배지에서 다수구는 0.8% 및 0.2% 정도의 피해를 보았다는 연구결과에서 찾아볼 수 있다 (金寅煥, 1978). 이러한 결과는 농약 시용횟수가 1970년 5회였던 것이 1974년에는 7회로 늘었고, 특히 통일벼 재배지에서는 10.5회 살포하여 종자＋비료＋농약살포가 증산의 핵심이었음을 알 수 있다. 또 다른 연구에 따르면 1970년 대비 1974년에는 농약 사용량이 일반벼인 경우 26.2% 증가, 통일벼 재배지인 경우 101% 증가했다고 한다.

이와 같이 증산과 함께 농약 사용량이 급격히 증가했으며, 1970년에 4,000톤에 불과하던 농약 생산량이 1976년에는 10만 636톤으로 급격히 증가한 결과와 일치한다. 이러한 경향은 일본의 예에 잘 나타나 있는데 1990년에 ha당 1.8톤을 사용하였고 같은 해에 캐나다는 0.1톤, 미국은 0.5톤, 프랑스는 0.5톤, 독일은 0.4톤, 이탈리아는 0.8톤, 영국은 0.6톤인 것에 비하면 3배나 더 많은 농약을 사용한 셈이다(笹崎龍雄, 1997).

그러나 제2의 녹색혁명의 대표적 품종으로 알려진 Bt 작물 품종을 사용하면서 해당 포장의 합성살충제 살포량이 감소한 것으로 나타났다. 일부의 사례에서는 Bt 작물 품종의 시용이 비Bt 작물 및 기타 작물포장의 살충제 감소와 관련이 있는 것으로 나타났다(National Academies of Science, 2016).

(4) 농기계 및 농용수 개발

곡물은 기본적으로 물과 토양양분 그리고 이를 이용한 광합성을 통하여 만들어진 결과물이다. 작물은 각각 수분요구량이 다른데 벼의 연간 필요 강수량은 1,200mL인 반면에 수수는 500mL, 옥수수는 625mL, 밀은 400mL이다. 건물 1kg 생산에 요구되는 수분요구량으로 환산해 보면 옥수수는 368kg인 반면에 밀은 513kg, 보리는 514kg, 감자는 636kg이며 목초류는 이보다 더 많다.

관개란 작물의 생육을 촉진하기 위하여 물을 공급하는 것을 말하는 데 전답(田畓, fields) 모두에서 실시할 수 있다. 수도작의 경우 보온, 비료공급, 잡초방제, 중경제초를 편리하게 하는 등의 이점이 있고, 밭에서도 수량 증수를 돕는다.

〈표 3.3.〉은 재래종이 수량 및 수분요구량은 적지만 신품종보다 비료이용은 더 효율적임을 나타내고 있다. 즉, 재래종의 수분요구량이 5.3cm인 데 비하여 고수량 품종은 약 3배나 더 많은 16cm이며, 비료 시용에 대한 효율도 신품종보다 더 효과적임이 잘

>>표 3.3. 재래종과 제1의 녹색혁명 당시 사용된 고수량 밀 품종의 생산력 비교

품종	재래종	고수량 품종
수량(kg/ha)	3,291	4,690
수분요구량(cm)	5.3	16
비료요구량	47.3	88.5
생산량과 관련된 수분 이용(kg/ha/cm)	620.94	293.1
시비에 대한 생산성(kg/ha/kg)	69.5	52.99

출처: Shiva, 2016.

드러나 있다.

〈표 3.3.〉의 결과는 소위 기적의 종자를 보급하는 데 있어 가장 중요한 것이 수분요구량을 충족시켜 줄 수 있는 관개시설의 확충임을 말해 주고 있다.

〈그림 3.5.〉는 제1의 녹색혁명 당시 기적의 종자보급과 관개율의 관계를 나타낸 것으로 관개투자가 결정적으로 중요한 역할을 한다는 것을 시사하고 있다. 즉, 제1, 2의 녹색혁명 모두 수리개발이 가장 중요하다. 그래서 이것을 선도적 투입재라고 한다.

제1의 녹색혁명이 시도되었던 여러 아시아 지역에서 전경지의 2/3가 천수답으로 〈그림 3.5.〉에서 강수량이 많고 바다에 인접한 인도네시아, 필리핀, 스리랑카와 왼쪽 하단에 있는 태국, 미얀마, 방글라데시의 대륙부는 상대비교가 되고 있는데, 수리안전답은 높고 대륙의 수리불완전 지역의 신품종 보급률이 낮다는 것을 알 수 있다.

벼는 육도와 수도가 있으며 수도의 경우 증수를 위해서 물의

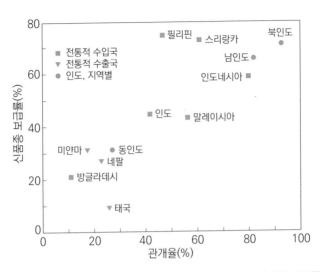

>>그림 3.5. 인도의 각 지역과 동남아시아의 관개율과 신품종 보급률

출처: 生源寺眞, 2011.

공급이 무엇보다 중요하다. 물의 원활한 공급을 위해 논의 경지정
리가 필요하며 한국에서는 1963~1965년 총 40여 만 ha가 몽리지
구로 변모되었고 그뒤에도 꾸준히 이 사업이 추진되었다. 특히
1969년에 37만 ha, 1973년에 25만 ha가 수리안전답으로 개답되
었고, 1973년까지 130만 ha가 수리안전답으로 변모하였다. 가뭄
극복을 위한 양수장 설치도 활발히 진행되어 최저 1만 3,000ha
(1970), 최고 3만 8,000ha(1973)가 양수장 설치로 인해 물공급이
가능해졌다. 이러한 작업이 불가능한 경지는 보를 설치하였다.
1970년에는 약 6,000ha가 이 혜택을 받았다. 뿐만 아니라 지하수
개발도 활발히 진행되어 1968년에는 3만 2,000ha, 1969년에는
17만 7,000ha, 1972년에 1만 2,000ha가 수리안전답이 되었다

(농업진흥공사, 1974).

세계적으로 볼 때 전 농경지의 16%가 관개가 가능하며 이곳에서 세계 식량의 40%가 생산되고 있고 미국 농지 면적의 11%, 브라질 농지 면적의 5%, 구소련 농지 면적의 11%만 관수 가능 지역이었다(레스터 브라운, 1997).

3.2. 인구와 식량

3.2.1. 유한한 지구

지구는 큰 행성이 아니다. 태양을 중심으로 도는 8개의 행성 중 중간 크기이다. 지구를 1로 가정할 때 태양은 108배나 크고 수성, 금성, 화성은 지구보다 작다. 지름이 13,000km 정도로 원산과 진주 사이의 직선거리의 13배에 지나지 않고 두 도시를 6.5회 왕복할 수 있는 크기이다.

이 조그만 행성에 너무 많은 생물이 살고 있으나 사람들은 지구의 크기가 거의 무한대라고 생각하고 있다. 제1, 2차 세계대전 당시 여러 가지 병기를 이용하여 전쟁을 하였고 심지어 핵무기를 사용하여 지구환경을 파괴하였지만 다시 회복되자 사람들은 지구는 무한하고 영원하다고 착각하고 있다.

지구 가장 높은 곳은 에베레스트산의 정상이 높지만 그곳에서는 산소가 부족하여 인간을 비롯한 고등동물이 살기 어렵기 때문에 지상 10km 높이가 이용 한계선이다. 그리고 지구의 깊이를 나타내는 심해는 10,000m이고 바다의 평균 깊이가 3.8km 정도로 지하 10km가 한계 이용표피이다. 이 10km를 지구의 지름 13,000km와 비교해 보면 0.0007%에 지나지 않으며 지구의 지름을 1m로 축소하면 0.7mm에 지나지 않는다. 이것은 1m에 비하면 매우 얇은 것으로 여기에 모든 생물과 인간이 의지하고 있다. 지구상의 박피에 의존하여 살고 있는 것이 지구상 생명체이다(加騰三郎, 1996).

지구의 표면에서 인간이 식용작물로 재배하여 이용하는 것은 주로 밀, 옥수수, 벼 등인데 이들이 뿌리를 내리는 지하부가 30cm에 지나지 않는다는 점을 감안하면 인간이 이용할 수 있는 지구면적은 박피 중 박피이다.

45억 년 전 지구가 탄생한 이래 인간으로의 진화는 10만 년에서 20만 년 사이에 이루어졌으며, 그후 수렵생활을 지나 소규모의 집단생활, 이주를 계속하면서 채취생활이 계속되었고, 집단을 이루어 야생에서 채집하는 단계를 벗어나 농경을 하면서 식량을 수확, 저장하기 시작한 시기는 지금으로부터 약 1만 년 전이다.

이러한 시기를 지나 취락을 형성하면서 구성원은 식량 조달을 하기 시작하였고, 그뒤 식량 생산에 필요한 도구를 개발하게 되면서 마을이 생기고 이어 문명의 서막이 열렸다. 이러한 문명의 발달은 기본적으로 잉여식량 덕분이었으며 나아가 잉여 에너지의 소산이기도 하였다. 제1세대의 에너지가 인력을 중심으로 하였다면 그다음 세대가 이용한 것은 불로 산림에 의존하였고 그 결과 농경에 필요한 각종 토기나 철기 등을 만들기 시작하였다. 이어서 축력을 이용한 농경이 시작되고 재생 가능한 풍력이나 수력을 개발하였다.

산업혁명에서 사용된 에너지는 모두 석탄이나 석유로 화석연료 시대에 접어들게 되는데, 이와 같이 문명사란 에너지 사용의 변화사에 지나지 않으며 현재 우리가 누리고 있는 모든 문명의 이기는 화석연료의 사용 덕택이라고 해도 과언이 아니다.

그런데 지구상의 자원은 크게 재생가능 자원과 고갈성 자원으로 분류할 수 있으며 재생가능 자원은 일정기간 성장하지만 그 이상은 성장하지 않는 자원으로, 예를 들면 하천의 정화작용이나 산림자원의 성장속도가 여기에 해당된다(山本達也, 2017). 하천에 오염물질이 계속하여 유입되면 일정기간은 정화할 수 있지만 그후에는 정화능력을 완전히 상실하여 지천은 물론 하천, 인근 바다까지 오염된다. 산림의 벌채도 어느 정도까지는 다시 회복되지만 계속하게 되면 복원능력을 잃는다.

이에 반하여 고갈성 자원은 어느 정도까지는 채취량이 늘어나지만 정점이 지나면 점점 줄어들어 종국에는 고갈에 이르는 자원이다. 석탄, 석유, 천연가스가 가장 대표적인 고갈성 자원이다. 기타 각종 대량 광물질이 이에 속한다. 여기서 식량생산과 가장 밀접한 관계가 있는 것은 석유이다. 지금까지 바이오 에너지(나무)의 시대를 지나 화석 에너지 시대를 거쳐 수력이나 원자력의 이용도 증가되고 있으나 농업은 석유에 의존하고 있다. 그래서 생산되는 식량자원을 석유식량이라고도 한다.

현대의 식량은 석유자원을 이용하고 있기 때문에 근본적으로 열역학 법칙을 적용받는다. 열역학 제1법칙은 에너지 보존법칙으로 우주의 에너지는 고정되어 있으면 결코 생산되거나 파괴될 수 없으며 열역학 제2법칙은 엔트로피 법칙 그리고 열역학 제3법칙은 어떤 엔트로피든 절대온도에서는 0의 값을 갖는다는 것이다.

여기서 우리가 주목할 것은 에너지는 확산(분산)되어도 그 총량은 변하지 않으며 일단 확산되면 다시 재응집하지 않는다는 점이다. 또 열역학 제1법칙에 따른 에너지 유출과 유입의 에너지 손실에 주목해야 한다. 보고에 따르면 1945~1994년 사이 농업에 투입된 에너지는 4배 증가한 반면 작물수량 증가는 3배 증가에 그쳤다고 한다. 4배와 3배 사이의 나머지 1은 농기계를 운용, 에너지 운송 등에 소모된 것이라고 추정할 수 있다(파이퍼 데일 앨런, 2004). 이러한 에너지 손익계산서의 판단 결과 1992년 인류에게 보내는 과학자의 경고는 성장의 한계론을 제시, 유한한 지구에서 무한한 성장은 불가능하며 이러한 성장이 계속되면 한계에 부딪칠 수밖에 없다는 것이 그 요지이다.

결국 유한한 자원의 과도한 사용으로 인해 사막화, 지하수 고갈, 수질오염과 같은 환경문제가 발생하고 고갈성 자원 사용과 성장곡선의 괴리에서 유한한 지구에서 무한한 성장을 하려는 모순이 발생하게 된다.

생태발자국이란 개념을 도입하면 지구가 감당할 수 있는 생태발자국은 1인당 1.8ha인 데 비하여 한국은 4.3ha이다. 그러나 한국인이 사용할 수 있는 토지면적은 0.5ha밖에 되지 않기 때문에 초과한 나머지 3.8ha는 외국에서 차용하여(수입하여) 쓰고 있어 생태적 빚을 지고 살고 있다(이유진, 2013).

3.2.2. 미래 인구

인구가 등비급수적으로 증가할 것이라는 맬서스의 예측이 완벽하게 들어맞은 것은 아니지만 1200년에는 약 1000만 명이었던 인구가 1650년에 약 5억, 1900년에 16억, 1966년에 33억, 2019년에는 77억 명으로 급격히 증가해 왔다. 미래의 인구는 그 증가율의 추정치를 어떻게 잡느냐에 따라 결과가 다양하게 나타난다.

〈표 3.4.〉는 유엔에서 추정한 것으로 1950~2015년 사이의 세계 인구증가를 바탕으로 2100년의 인구를 예측했는데, 2015년 중반의 74억 인구가 2030년에 약 10억 명이 더 증가하여 85억 명에 달할 것으로 예상되며, 더 큰 추정치는 100억 명, 가장 적은 추정치는 81억 명이다. 그후 2050년은 최고 108억 명에서 최저 87.1억 명, 2100년에는 최저 72.9억 명에서 최고 165.8억 명을 예상하고 있다.

>>표 3.4. 1950년에서 2100년 사이 세계 인구 증가 예측

(단위: 10억 명)

1950	1960	2000	2010	2015	2030	2050	2100
2.53	3.02	6.13	6.93	7.35	8.50[1]	9.73[1]	11.21[1]
					8.18[2]	8.71[2]	7.29[2]
					10.82[3]	10.80[3]	16.58[3]

* UN 추계
** 출산율이 1) 중, 2) 저, 3) 상

현재 가임률은 하강 국면에 있는데 1960년대는 인구증가율이 2%대였고 총출산율이 4.5명 정도였으나, 2015년에는 2.5명이었고 인구증가율은 1.2%였다. 세계 인구증가율은 저하되었으나 절대 인구는 8000만 명 정도 증가하였다.

과거의 인구폭발은 동아시아 지역을 중심으로 일어났으나 2040년 이후에는 하강 국면으로 접어들고 인구감소 지역으로 변모할 것으로 보고 있다. 특히 아시아 지역의 저소득층 인구는 늘어나지만 2050년 이후에는 하강 국면에 접어들고 대신 아프리카 지역은 인구가 계속 증가할 것으로 예상된다. 반면 유럽, 북아메리카, 오세아니아 지역에서는 인구의 변동이 많지 않을 것으로 보고 있는데 선진국의 이러한 추세는 몇 가지 요인이 작용하는 것으로 분석하고 있다.

첫째 다산을 권유하던 전통적 행동규범이나 가치관이 도시화

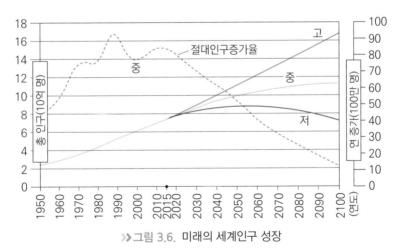

>> 그림 3.6. 미래의 세계인구 성장

출처: FAO, 2017.

와 핵가족화로 변하고 있으며, 둘째 자녀의 비농업 부문 취업이 늘어 출산·육아의 기회비용이 증가했고, 셋째 사회보장으로 노후의 안전이 보장되어 자녀의 경제적 가치가 저하되었으며, 넷째 유아사망률이 저하되어 다산의 필요성이 줄어들었을 뿐만 아니라 저렴하고 확실한 피임방법이 보급되었기 때문이라고 보고 있다.

한편 인구증가율이 저하되면서 인구가 농촌을 떠나 도시로 이동하고 1980년대만 하더라도 60% 이상의 인구가 농촌에 거주했으나 현재는 지구 인구의 반 이상이 도시에 살고 있다. 2050년에는 인구의 3분의 2가 도시에 상주할 것으로 예상하고 있다.

이와 함께 주목해야 할 것은 가축사육 두수이다. 2016년 시점에 소 15억 두, 돼지 10억 두, 닭 227억 수, 양 11억 두가 사육되고 있다. 돼지 10억 두는 인구 10억 명에 해당하고, 닭 100수를 인구 1인으로 치면 닭은 인구 2억 명에 해당하며, 여기에 소와 양을 고려하여 가축을 인구로 환산하면 77억 명이 된다. 즉, 인간 이외에 다른 77억 명이 지구상의 곡물을 소비하고 있는 셈이다. 가축사료로 인간의 식품과 맞먹는 양이 소요된다는 의미이다. 또한 가축사육 두수는 계속 증가하여 2050년에는 배가 될지도 모른다는 우려도 제기되고 있다. 인간의 식량으로 사용하는 곡물뿐 아니라 가축의 사료로 사용하는 사료 곡물도 또 다른 식량문제인 셈이다.

3.3. ⊙ 미래의 소요 곡물량

3.3.1. 포만과 기아의 시대

인구문제는 식량문제이며 서구에서는 인구가 감소하는 반면 아시아 지역을 비롯한 제3세계는 증가하고 있다.

맬서스주의자들은 지구의 부양능력에 한계가 있으며 제2차 세계대전 후 인구폭발로 인해 지구가 생산할 수 있는 식량생산의 경계를 넘었다고 주장하고 있다. 되돌아 보면 인류가 지구상에 탄생한 이후 인간은 계속해서 기아에 허덕였다. 당시 채집을 통한 식량 조달을 위해서는 1인당 10km²가 필요했는데 채집이나 수렵에 의한 식량조달 때문에 일반적으로 다산다사했다. 19세기 초반만 하더라도 유럽의 1인당 식량공급은 2,000kcal를 밑돌았고 인간이 기아의 시대를 벗어난 것은 19세기 이후였다. 독일인의 경우 1860년경에는 2,000kcal 이하였고 19세기에 들어서 비로소 3,000kcal를 초과하였다. 식량공급 증가는 제2차 세계대전 후에 가능해졌고 개도국 사람들조차 3,000kcal를 넘어서면서 과다섭취가 사회문제로 대두되었다. 현재 세계는 기아와 포만의 시대가 양립하여 약 8억 명의 기아 인구와 7억 명의 비만 인구가 병존하고 있어 두 가지 문제를 해결하기 위해 골몰하고 있다.

앞 절에서 설명한 바와 같이 제2차 세계대전 이후 식생활이 크게 향상되었다. 선진국은 기아문제가 해결되면서 동시에 과잉섭취가 사회문제로 대두되었다. 〈그림 3.7.〉에서 보는 바와 같이 식량생산의 획기적인 증가는 1960년대 이후의 세계 인구 증가를 능가하게 되었다. 곡물 생산량 증가와 더불어 단위면적당 수량(단위수량)도 높아졌는데, 이는 토지생산성의 향상 때문이다. 즉, 선진국으로부터 시작된 기술혁신 파급으로 인한 제1의 녹색혁명 덕분이다. 선진국의 기술이 후진국으로 전수되는 데 약 20년의 시차가 있었다. 그러나 도시화와 공업화에 따라 농업용지가 공업용지로

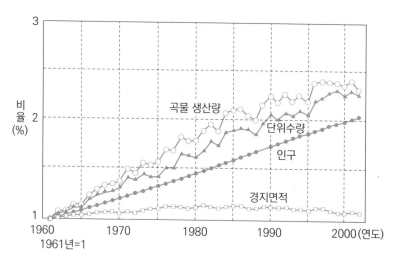

>>그림 3.7. 인구, 곡물 생산량, 단위수량, 경지면적

출처: 川島博之, 2008.

전용되어 경지면적은 점차 감소했다. 〈그림 3.7.〉은 1960년을 기준으로 작성된 것으로, 인구, 곡물 생산량, 단위수량 모두 1960년에 비해 2배 이상 증가하였음을 알 수 있다. 이는 종자＋비료＋농약＋농용수가 한 세트로 공급된 결과이다. 2001년과 2012년 평균 단위수량은 밀 2.93톤/ha, 쌀 4.16톤/ha, 옥수수 4.87톤/ha이었다.

세계의 적정 곡물 재고량은 13~14％이지만 1972년에는 15.4％로 약간 상승했고, 1980년에서 1990년대에 걸쳐 20％대를 유지하고 있다.

한편 2000년 이후 2006년에 14.5％로 하락했고 2006~2008년에 세계 곡물가격은 급등하여 정점을 찍었다. 이와 같이 1960년대 이후 인구증가를 능가하는 증산이 계속되었다. 오늘날 세계의 식량문제는 분배의 문제이며 영양부족 인구가 구매력을 갖게 되면 공급 부족의 위험에 처하게 될 것이다.

인류가 필요한 식량은 무한대가 아니나 유한한 지구에서 인구가 정점일 때 필요한 식량을 충분히 확보해야 한다. 세계 1인당 사료용 곡물 소비량은 2003년 208kg이었다. 그러나 영양부족 인구를 감안하면 곡물 소비량은 점차 늘어날 것으로 생각되고 있다. 이러한 가정하에 앞으로 1인당 필요한 식용 및 사료용 곡물량은 500kg이 될 것으로 추정된다. 그리고 선진국의 1인당 곡물 소비량은 570kg인데 그중 40~45％가 낭비되고 있어 1인당 500kg은 약간 과다 추정되었다고 할 수 있다. 인구추정치와 곡물을 결합하여 계산하면 최고 46억 톤에서 최저 40억 톤의 곡물이 필요하다고 할 수 있다(岩淵孝, 2010).

최근 들어 세계 식량 생산량 증가속도는 급격히 늘어나 2018~
2019년 기준으로 생산량이 25억 6700만 톤이다. 이는 2000년에
비해 39.1% 증가한 수치이며 최근 증가속도는 2.1%로 이전 10
년의 속도인 0.7%에 비하면 급격한 변화라 할 수 있다.

FAO의 필요 곡물량 추정 증가율과 KERRI의 보고서를 토대로
작성한 2050년의 곡물 소요량은 〈표 3.5.〉와 같다. 이것은 앞서
예측치보다 다소 낮으나 31억 톤의 곡물이 필요한 것으로 보고 있
다. 이러한 수치는 인구증가율에 따라 다소 증감이 예상되나 현재
보다 약 56~63%의 곡물이 더 소요되는 것이다.

인구 및 소득 증가에 따라 곡물 소요량이 증가할 것이 틀림없
지만 연구기관이나 학자에 따라 다양한 결과를 내놓고 있다. 향후

>>표 3.5. 2050년 세계 곡물 소요량

(단위: %, 100만 톤)

연도별	2005/07	2050	2005/07 ~2012	2013~2050
세계				
2050년 기준	100(1,951)	156.9(3,114)	14.8(2,240)	44.8(2,825)
2015년 인구 기준	100(1,951)	163.4(3,188)	14.8(2,240)	48.6(2,899)
사하라 이남 및 동아시아				
2050년 기준	100	224.9	20.0	104.9
2015년 인구 기준	100	232.4	20.0	112.4
기타 국가				
2050년 기준	100	144.9	13.8	31.1
2015년 인구 기준	100	147.9	13.8	34.2

출처: FAO, 2017; 성명환·강경수, 2018 토대로 추정.

45년간 13% 증가에 그칠 것이라는 주장이 있는가 하면 FAO는 1인당 30% 증가를 그리고 다른 보고에서는 60%가 증가할 것이라고 발표하는 등 그 예측은 변이가 상당히 크다(OECD·FAO, 2011).

3.3.3. 곡물증산의 가능성

2015년의 쌀, 밀, 옥수수, 대두의 재배면적은 총 6억 8200만 ha로 밀 2억 2400만 ha, 옥수수 1억 7600만 ha, 벼 1억 6000만 ha, 대두가 1억 2000만 ha에서 재배되고 있다. 여기에서 25억 6000만 톤의 곡물을 생산하였다(성명환·김경수, 2018). 1ha당 3,265kg을 생산하고 이러한 토지생산성이 변하지 않는다면 인구가 정점일 때 필요한 식량생산에 약 14억 ha가 필요하다. 그러나 앞의 네 작물의 경작면적을 포함한 기타 작물의 세계 경지면적은 약 15억 4500만 ha에 이른다. 따라서 대부분의 면적에서 경작되고 토지생산성이 향상된다면 세계 인구가 정점일 때도 필요한 식량생산이 가능하다고 주장한다(川島博之, 2008).

또한 현재 룩셈부르크 수준인 ha당 7,000kg 수준으로 토지생산성을 향상시키면 사하라 이남의 아프리카 대륙에서의 식량문제도 해결될 수 있다고 주장한다. 아프리카에 농업용수를 공급할 수 있다면 1년 내내 가온 없이도 영농이 가능한 작부 농토가 증가되어 세계의 식량문제를 해결할 수 있다고 주장하는 학자도 있다(岩淵孝, 2010).

지금까지 모든 수단을 가동하여 수량 증수를 위해 노력해 왔음에도 불구하고 식량 생산기지로서 농지는 1970년 이래 약 4%밖에 증가하지 않았다. 혁신적인 과학기술이 발견되지 않으면 농지확대를 통한 식량조달은 불가능해질 것이다.

이러한 농지 부족이 심화되는 이유는 토지를 공장 및 주택건설, 도로로 전용되기 때문이며, 이러한 실례는 일본, 한국, 대만 같은 인구 밀집 지역의 예에서 찾아볼 수 있다. 즉, 일본 농토의 52%, 한국의 46%, 대만은 46%의 농지가 다른 용도로 변경되었다. 여러 조건을 고려하면 농지가 확대될 가능성은 거의 없다. 이것은 인구 증가와 함께 1인당 경지면적의 감소로 이어져 1950년에 0.5(0.6)ha, 2000년에는 0.27(0.25)ha, 2018년에는 0.23ha, 2050년에는 0.2ha로 대폭 감소할 것으로 예상되고 있다(최영경·정운성, 2014; 메도즈 외, 2011).

3.3.4. 축산물의 수요예측

소득이 증가함에 따라 식물성 단백질 섭취에서 동물성 단백질 식품으로의 전환이 예상되며, 이는 곡물에 대한 인간과 가축의 경합이 치열해진다는 것을 의미한다. 세계농업기구에 따르면 1997/1999년에 생산된 곡물량은 약 18억 6,000톤이었으며 2030년에는 10억 톤이 증가한 28억 톤에 이른 것으로 추산하고 있다. 2030년의 경우 42%에 해당하는 12억 톤이 사료로 쓰일 것으로 추정한 바 있다.

간과할 수 없는 것은 제3세계 또는 개발도상국의 사료 수요량
으로 1970년대에는 전 곡물 증가분의 21% 정도였으나 1997/1999
년에는 29%였고 앞으로는 45%까지 증가할 것으로 보고 있다.
개도국 국민들의 식단과 식품소비 양식이 축산물로 이행하는 경
향이 있으며 이를 식품혁명이라고 한다(Bruinsma, 2003).

이에 따라 식품의 소비형태가 크게 변하고 있다. 2030년 전유
소비(全乳消費)는 1인당 세계 평균이 90kg인 반면 개도국은 66kg
을 소비할 것으로 예상되며 지육의 경우에는 현재 31.6kg에서
36.7kg으로 증가하여 선진국의 100kg에는 미치지 못하지만 개도
국에서의 축산식품의 요구는 더욱 높아질 것으로 예상된다. 특히
아시아의 중국, 인도, 파키스탄과 같은 인구 대국이나 남아메리카
의 브라질과 아르헨티나에서 더 많은 축산물을 소비할 것으로 예
측된다. 따라서 2050년에는 현재보다 2배 많은 가축이 사육될 것
으로 보고 있다. 따라서 종국에는 인간과 동물이 곡물에 대한 경
합으로 이어져 곡물가격을 상승시키는 데 일조할 것으로 보인다.

3.4. 제3의 녹색혁명

3.4.1. 남은 경작지

지난 50년 동안 지구의 식량문제를 제1, 2의 녹색혁명을 통해
해결하려고 노력했으나 불행하게도 실패로 끝났다고 주장하는 학

자들이 있다. 그 이유로 에너지 투입에 대한 낮은 수지를 들었다. 즉, 에너지 보존법칙에 따르며 우주의 에너지는 언제나 고정되어 있고, 다만 이동만 있을 뿐인데 에너지 투입에 대비한 작물 생산량은 마이너스를 기록했기 때문이다. 지금도 수량 증가 없는 에너지 투입이 계속되고 있다.

현재와 같은 형태의 식량증산에 대한 부정적 견해로는 첫째 제2의 녹색혁명(유전자혁명)과 같은 신기술에 대한 고가의 투입재가 필요하며, 둘째 비료, 농약에 따른 환경오염 및 소비자, 농민의 건강악화, 셋째 관개에 의한 물 낭비로 장차 물부족을 감당하기 힘들며, 넷째 신기술은 특정 지역 및 농민에 초점이 맞추어져 있어 나머지 농민은 받아들일 수 없는 기술이며, 다섯째 신기술에 적응하지 못한 농민의 도시유입 및 빈민층 전락, 여섯째 농지의 규모화와 농민수 감소에 악영향을 미친다는 것이다(패트릭 웨스트 호프, 2011).

또 다른 문제점은 생산성의 정체이며 앞으로 더 이상 획기적이고 기적적인 증수가 불가능하다는 것이다. 즉, 옥수수의 경우 1973~1977년 평균에 비해 2003~2007년 평균 수량이 72% 증가하였고, 밀은 같은 기간 68%, 벼는 61%, 옥수수는 1940년에 비하면 2018년에는 488% 증수되었다. 그리하여 2001~2012년 평균으로 볼 때 세계 평균이 밀은 2.92톤/ha, 쌀은 4.16톤/ha, 옥수수는 4.87톤/ha을 나타냈으며 선진농가에서는 밀 3.5톤/ha, 벼 6.64톤/ha, 옥수수 8.99톤/ha의 고수량을 올렸다.

이러한 수량증가는 이미 한계에 이르렀고 기계화, 관수를 실시하여 수량을 올릴 수 있는 경지 또한 많이 남아 있지 않다는 데 문제의 심각성이 있다. 지구 표면적 133억 ha 중 경작이 가능한 면적은 45억 ha 정도이며 강우와 관수로 영농이 가능한 토지는 약 13억 ha(29%)이다. 나머지 면적은 32억 ha로 71%가 강우에 의존해야 하는 농지이다.

그중 18억 ha는 거주, 도로, 산림인 약 14억 ha는 농경지로 이용할 수 있을 것이다. 〈표 3.6.〉에 따르면 개도국 면적의 69%에 해당하는 9억 6000만 ha, 선진국의 4억 4000만 ha의 면적이 작물재배지로 개발될 가능성이 있음을 알 수 있다.

>>표 3.6. 지역별 경지면적

(단위: 100만 ha)

| 지역 | 총 면적 | 영농적지 | 경작용 토지(1999/2001) | | | 비농업 용지 | 작물과 초지 | % |
			강우	관수	총계			
세계	13295	4495	1063	197	1260	1824	1411	31
개도국	7487	2893	565	138	703	1227	963	33
사하라 이남	2281	1073	180	3	183	438	452	42
라틴아메리카	2022	1095	137	15	152	580	363	33
동아프리카·북아프리카	1159	95	38	12	50	9	36	38
동아시아	411	195	85	55	140	43	12	6
서아시아	1544	410	122	53	175	140	95	23
다른 개도국	70	25	2	0	2	16	7	28
선진국	5486	1592	497	58	555	590	447	28
기타	322	11	2	0	2	7	2	18

출처: Russell, 2018.

그러나 이러한 면적은 대부분 사하라 이남의 토지로 추가적인 식량 생산기지로 사용하기에는 부적합한 토지이다. 생산량을 증가시키려면 관개를 해야 한다. 아시아 지역의 70%는 관개지인 반면 선진국은 40%가 관개지이고 이곳에서의 생산량이 전체 생산량의 60%를 차지하고 있다. 이러한 사항을 고려할 때 식량생산을 위한 적절한 경지개발은 한계에 와 있다고 할 수 있다.

3.4.2. 세계 식량안보와 온난화

최근 십수 년 동안에는 식량작물이 에너지 작물로 전환되었다. 2013년에는 미국 옥수수 생산량의 약 30%가 에탄올 생산에 투입되어 차량 연료로 사용되었다. 동남아시아에서조차 야자기름 생산을 위해 자연림을 훼손하고 있다. 이로 인해 비농업 토지가 에너지 생산용 경작지로 바뀌어 온실가스 증가(GHG), 탄소 흡수원(식물 바이오 매스)의 제거 및 화석연료 사용이 늘어나는 등 부정적인 영향을 미쳤다. 농업은 전 세계 온실가스 배출량의 10~12%, 특히 아산화질소와 메탄을 52~84% 배출하는 것으로 나타났다. 산업화로 대기 중 이산화탄소(CO_2)를 상승시켜 산업화 이전에는 약 280ppm이었으나 2017년에는 400ppm으로 늘었고 30년 후에는 그 농도가 450ppm을 초과하여 인류에게 안전하지 않은 상태가 될 것이라고 예측하고 있다. 또한 GDP는 CO_2와 밀접하게 연관되어 있어 경제발전이 활발하면 할수록 그 발생량이 더 많아진다(Russell, 2018).

발생 분야	온실가스(%)	온실가스 발생 및 토양 탄소 저장(%)			
		발생, 저장	1990	2016	2012~2016
산업	29.1	발생			
운송	28.5		8.8	10.0	9.6
주거	15.4	저장			
상업	16.3		5.0	1.4	1.7
농업	10.0				
기타	0.7				

출처: Johnson, 2018.

미국에서의 조사결과에 따르면 온실가스 발생은 산업 분야 29.1%, 운송이 28.5%, 주거가 15.4%, 상업이 16.3%, 농업이 10.0%였다. 한편 토양에 저장되는 탄소는 1990년 5.0%에서 2012~2016년 평균 1.7%로 저하되었는데 이는 토양유실이나 퇴구비의 시용 기피가 주 원인인 것으로 보고된 바 있다.

온실가스의 발생량 증가는 지구온난화로 이어져 여러 가지 피해가 예상되고 있는데, 한국에서의 조사에 따르면 기온 상승에 따라 쌀의 수량이 감소하여 GDP가 감소하고 농업생산도 3.32% 감소하여 농산물가격이 6.95% 상승할 것이라고 예측한 바 있다(정학균 외, 2018).

세계농업기구는 지구온난화가 농업 및 지구를 부양하는 데 어떤 의미가 있는가를 설명하면서 기후변화와 식품에 관한 10가지 사실을 발표한 바 있다. 즉, 지구온난화가 농업과 세계 식량안보에 지대한 영향을 미치고 있음을 지적하였다. 즉, 첫째 빈곤하여 식량을 충분히 조달받지 못한 사람의 75%는 그들의 생계를 농업과 자연자원에 의존하고 있으며, 둘째 인구증가를 감당하기 위해서 세계 식량생산을 60% 증가시켜야 하는데 기후변화가 이를 막고 있고, 셋째 기후변화로 인해 2050년까지 전 세계에 걸쳐 10~25%의 수량감소가 예상되며, 넷째 기온상승으로 주 어종의 어획고가 40%까지 감소하고, 다섯째 산림벌채나 훼손으로 온실가스의 11%가 증가하며, 여섯째 가축은 농업 분야 온실가스의 3분의 2를, 메탄 발생의 78%를 차지하며, 일곱째 기후변화는 식품 유래 병을 한 지역에서 다른 지역으로 전파시킬 위험이 있고 이는 공중보건에 위협적 요소로 작용하며, 여덟 번째 세계식량기구는 가축생산 온실가스를 발생량의 30%까지 감축시킬 수 있을 것으로 전망하며, 아홉 번째 생산된 식품의 3분의 1은 훼손되거나 낭비되며 식품낭비로 발생되는 손실액이 2조 6,000달러이며 이는 환경비용 7000억 달러와 사회적 비용 9000억 달러를 포함하며, 열 번째 식품손실이나 훼손은 연간 인간에 의한 온실가스 발생의 8%에 해당한다고 하였다.

기후변화에 따른 수량감소는 앞으로 식량생산에 커다란 장애물이 될 것임에 틀림없으며, 이는 확대되지 않은 경작지와 함께 앞으로의 식량증산을 가로막는 또 다른 장애가 될 것으로 보인다.

|1| 녹색소비

식량생산량을 증대시키기 위해 인간이 동원할 수 있는 모든 노력을 경주하였지만 현재의 기술로는 다가오는 세대의 식량 소비 욕구와 인구증가에 부응할 수 없음이 분명하다. 그리고 지금까지 인류가 기울여 온 증산을 위한 여러 노력이 지속가능한 생산기술이 아니라는 점도 분명해졌다. 그렇다면 제3의 길은 무엇인가? 그것은 합리적 소비를 통한 해결방안을 모색하는 것이다. 소비자는 제3의 힘이며 이는 과거 국가가 지배하던 시장이 자유화되면서 과거의 시민은 소비자와 동일시되고 있다. 소비자는 정치적 이익을 대변하는 새로운 힘으로 부각되고 있다(베른하르트 푀터, 2010). 우리 생활주변에서 소비자의 힘을 가장 잘 보여 준 것이 분리수거이다. 소비자는 국경이 없이 전 세계적으로 그 영향력을 발휘할 수 있는 막강한 힘을 가진 보이지 않는 존재이다.

소비자들이 나서서 제3의 녹색혁명인 녹색소비에 참여해야 한다. 녹색소비는 정의가 여러 가지 있으나 국제협력기구나 유엔개발계획 등에서 주창하는 생태효율성, 환경용량, 생태공간, 생태발자국을 기본 전제로 하고 있다. 그 범위는 물질의 생산과 사용, 폐기에 이르는 전 과정을 통하여 환경을 우선시하는 것이며 인간의 기본적인 욕구를 만족시키면서 지속가능 발전의 수단이 되어야 한다(임연희, 2019). 녹색소비의 자원소비의 최소화, 에너지 소비의 최소화, 환경오염의 최소화, 생태영향의 최소화로 정의하고 있다.

또한 지구는 인간만을 위한 공간이 아니며 살아 있는 모든 생명체를 위한 공동의 공간이다. 따라서 자연환경을 지키고 자원을 보전하기 위한 구체적인 방법으로는 친환경 상품을 구매하고 반환경적 상품이나 기업에 경각심을 일으키는 소비행동, 재활용과 소비절제 등을 통해 자원과 에너지 사용을 줄이고 친환경적인 식품으로 식단을 바꾸는 등의 노력을 기울여야 한다.

각종 연구 데이터는 현재의 생산과 소비 패턴을 바꾸지 않는다면 인류의 앞날은 자원고갈과 환경오염으로 인해 지속 불가능하게 된다는 것을 암시하고 있다. 식량안보 차원에서 식단의 변화와 식욕의 절제를 통해 지구의 식량문제 해결에 일조하는 것이 녹색소비이다. 생산 한계를 극복하는 방법은 농산물의 구매나 소비에 있어서 혁명적 발상을 하고 이의 실천을 통하여 미래세대를 위해 천연자원을 보전하자는 것이 녹색소비의 핵심이다.

지속가능한 지구를 위한 소비자의 관심은 자연성을 담보하는 천연 식재료와 식품의 안전성을 고려하여 위해요소로부터 안전한 먹거리, 동물의 복지를 고려한 식품으로 동물의 권리나 본성을 배려한 축산식품, 환경생태계에 악영향을 미치지 않는 식품생산, 노동자와 소농의 생계를 고려한 식량선택 등으로 요약할 수 있다(오스터비르·소넨펠드, 2015)

(1) 단거리 이동식품 이용

식품 선택 시 고려해야 할 사항은 식품의 이동거리이다. 세계화를 통한 무역자유화, 저장기술 발달, 수송과 배송 수단의 현대화로 말미암아 소비 지역이 광역화되고 있다. 이로 인해 상품의 국경이 사라지고 저렴하고 맛이 좋은 식재료의 국제 간 유통이 일반화되고 있다. 소비자의 선택의 폭이 넓어졌으나 반대로 식품의 이동거리로 인해 온난화를 유발하는 이산화탄소의 발생, 식품폐기의 문제 등이 야기되고 있다.

영국의 팀 랭(Tim Lang)은 1994년 '푸드 마일(food miles)'이라는 개념을 도입하여 가까운 지역에서 생산된 식품을 소비하는 것이 식품의 안정성을 높이면서 수송에 따른 환경오염을 경감한다는 취지의 소비자운동을 시작하였다. 푸드 마일은 식품이 생산지에서부터 소비자의 식탁에 운송되기까지의 단순한 거리로 미국산 대두로 만든 간장은 9,122km를, 호주산 쇠고기는 6,024km를, 인도네시아산 바나나는 5,371km를 이동하여 한국 식탁에 오르게 된다는 것이다.

한편 푸드 마일리지는 식품의 '수송량'에 '수송거리'를 곱한 수치를 누적하여 계산한다. 계측 목적은 식품수송에 따른 이산화탄소 배출이 지구 환경에 주는 부하를 파악한다는 관점이 강하게 작용한다. 종전에는 농산물의 수입동향을 파악할 때 일반적으로 금액을 기준으로 계산하는 방법을 썼다. 다양한 상품으로 구성되는 농산물을 공통지표로 하고, 전체 무역구조 속에서 위치를 파악하는 데 금액기준이 적절했기 때문이다.

그러나 식품수송이 환경에 부하를 준다는 측면에서는 금액보다는 오히려 수량으로 파악하고, 수송거리가 어느 정도인가가 더 중요하다. 이와 같은 관점에서 파악하고자 한 개념이 푸드 마일리지이며, 다음과 같이 계산한다. 즉, 수입식품의 푸드 마일리지(t·km)=수입 상대국별 식품수입량(ton)×수출국과 수입국 간의 수송거리(km)이다.

먼저 계측대상 농산물의 범위는 HS 코드 기준으로 분류한다. 또 이러한 품목의 수입량에 대해서는 물량(톤) 기준으로 수입 상대국별로 집계한다. 리터 단위의 음료수에 대해서는 비중을 1로 간주하여 1L를 1kg으로 가정한다(김태곤, 2011).

여기에 포코(poco)라는 개념을 더하여 수송 시 이산화탄소 배출계수를 계산하고 여기에 푸드 마일리지를 곱하여 이산화탄소 배출량을 수치화한 것이다. 1포코는 이산화탄소 100g인데, 결국 포코는 푸드 마일리지[수입 상대국별 식품수입량(톤)×수출국과 수입국 간의 수송거리(km)]×수송수단별 이산화탄소 배출계수÷100이라는 식을 통하여 계산한다.

무역자유화에 따라 식품거래는 활성화되었고 농산물은 내수용보다는 수출용으로 경작 및 판매되고 있으며, 이것은 〈표 3.8.〉과 같이 식탁 위의 식품이 국내산이 아닌 수입산으로 대체되고 있다. 이는 소비자의 선택권이 넓어지고 가격이 저렴해진다는 장점이 있으나, 수출입을 통한 식품이동은 반대로 화석에너지의 사용량이 늘어나고 동시에 이산화탄소 배출량을 증가시켜 지구온난화를 가속화시킨다는 단점이 있다. 온난화를 방지하자는 구호에 앞서

항목	단위	일본	한국	미국	영국	프랑스	독일
식품수입	1,000톤	58,487 (1.00)	24,847 (0.42)	45,979 (0.79)	42,734 (0.73)	29,004 (90.50)	45,289 (0.77)
1인당 수입량	kg/1인	461 (1.00)	520 (1.13)	163 (0.35)	726 (1.58)	483 (1.05)	551 (1.20)
평균 수송거리	km	15,396 (1.00)	12,765 (0.83)	6,434 (0.42)	4,399 (0.29)	3,600 (0.23)	3,792 (0.25)
푸드 마일리지	100만 톤, km	900,208 (1.00)	317,169 (0.35)	295,821 (0.33)	187,986 (0.21)	104,407 (0.12)	171,751 (0.19)
푸드 마일리지 (1인당)	톤, km/ 1인	7,093 (1.00)	6,637 (0.94)	1,051 (0.5)	3,195 (0.45)	1,787 (0.25)	2,090 (0.29)

출처: 大原興太郎, 2008.

식품구입 시 단거리 이동식품을 구매하여 지속가능한 지구를 만드는 데 앞장서야 할 것이다.

(2) 종다양성 유지농법 생산물 구매

지금까지 생산력 증대는 기본적으로 같은 경작지에 매년 동일 작물을 계속해서 재배하는 경작기술이다. 1950년대 이후 무기질 비료의 시용 증가와 함께 생산성이 높은 작물의 육종으로 보다 많은 비료를 요구하는 작물재배가 일반화되었다. 화학비료의 대량 생산과 기계화가 동시에 진행되어 이러한 농법이 가능해졌다. 한 가지 작목을 한 필지의 농토에 파종함에 따라 농기계를 이용하여 경작, 파종, 잡초방제, 수확의 효율성을 높일 수 있게 되었다. 물론 이러한 농기계의 이용은 노동생산성을 높일 수 있는 장점이 있으며 이는 곧 재배작물의 단순화를 의미하며, 농장은 특정 작물만을 재배하는 특화작물 중심의 농업으로 변모하였다.

이러한 농법의 가장 큰 맹점은 그 작물이 좋아하는 토양 중 어떤 양분의 소모가 많아지거나 염류가 축적되고 또 같은 층에 있는 특정 성분을 수탈하는 결과를 가져온다. 또한 토양의 물리성이 악화되거나 토양전염병 병해를 입을 수 있다. 나아가서 토양선충이나 유해물질이 축적되고 경우에 따라서는 잡초가 번무하게 된다. 토양의 영양적 균형이 무너져 외양은 괜찮으나 영양분이 골고루 함유되지 않은 농산산물이 생산된다. 이러한 폐해를 막기 위해서는 종다양성이 담보된 경작지에서 재배된 농산물을 구입해야 한다.

농업생태계에서 종다양성을 유지할 수 있는 방법으로는 윤작을 하는 것인데, 이것은 같은 필지에서 계절별, 연도별로 다른 작물을 재배하는 것이다. 이런 농법을 하면 작물이 이용할 수 있는 가급태 양분이 많아지고 토양전염성 병충해가 조절되어 생육, 수량이 안정화된다. 비료와 농약, 기계화로 윤작이 붕괴되었으나 윤작을 하면 수량 증수와 품질향상을 꾀할 수 있고, 작물에 환원 가능 유기물을 확보할 수 있어 토양통기성 개선, 염기 균형 유지 등의 효과가 있다.

다른 방법으로는 간작과 혼작이 있으며 이는 작물의 공간적·계절적 배치를 달리하는 것으로 공간의 입체적·평면적 이용효율을 높일 수 있다. 예를 들어 맥류와 옥수수 등 키가 큰 작물과 함께 재배하는 것으로, 옥수수와 두류의 혼작 또는 담배와 맥류의 재배 등이다. 그러나 관리가 불편하고 그 종류에 있어서 제한을 받는다.

한편 대상재배라 하여 각기 다른 작물을 줄로 심는 법, 겨울철 벼를 재배한 후 보리나 자운영 같은 작물을 파종하는 방법과 같은 피복작물 재배도 있으며, 휴한이라 하여 아무것도 심지 않고 당분간 방치하는 방법, 경운을 최소화하는 농법, 상당량의 유기물을 투입하는 농법 및 저농약 농법 등 모두 종다양성을 높이는 데 이용할 수 있는 방법이다. 뿐만 아니라 농장의 경계에 나무를 심는 법, 생울타리를 하는 법 등이 종다양성을 향상시킬 수 있는 방법이다.

(3) 지역농산물 애용(로컬 푸드)

현대의 식료품은 수출을 위한 목적으로 생산되는 경우가 많다. 즉, 밀 생산량의 18.8%, 쌀 생산량의 8.8%, 설탕의 34.0%, 고기의 8.9%가 수출되고 있다. 한국이나 일본 같은 나라의 식량자급도는 20%를 조금 상회하는 수준이고 농산물 수출입의 자유화도가 거의 100%에 달하는 국가들도 많아지고 있다. 식품의 이동거리도 길어져 쌀의 경우 한국의 충남 아산에서 생산된 것을 서울에서 구매할 경우 100km인데 중국산인 경우 1,234km, 합천에서 사양된 쇠고기는 298km인 반면 호주산은 8,800km, 아산에서 생산된 두부는 100km인 반면 미국에서 생산된 것은 1만 9,736km로 19배나 더 먼 곳에서 공수한 것을 사용하기 때문에 이에 따른 에너지 소모가 많아져 그만큼 지구온난화를 가속화에 일조하고 있다(배순영, 2012).

지역농산물(local food) 애용운동은 1950년대부터 유럽, 일본, 북아메리카 등지에서 시작된 지역사회공유농업(community-shared agriculture, CSA)에서 기원하며 일종의 지역사회 재건운동이었다. 이를 국가적 사업으로 처음 논의된 것은 1992년 유럽연합이 농산물의 품질을 보장하자는 의도로 농산물 원산지 표기 규정을 만들면서부터이다. 우리나라는 1994년 원주에서 농민과 공무원을 중심으로 시작된 농민시장이 효시이며 이전의 많은 협동조합운동도 이러한 로컬 푸드 태동의 모태였다. 유럽연합에서 실시한 원산지 명칭보호, 지리적 표시보호 등은 최종음식의 지역성을 유지하는 데 커다란 의미가 있다(조완영, 2012).

그 지역에서 생산된 것을 근방에서 소비하게 되면 여러 가지 이점이 있는데, 일본의 시네마현 운난시에서는 지역생산 농산물을 그 지역의 사람들에게 공급하는 방식의 생산·판매가 대성공을 거두었는데 그 원인으로는 농가가 판매시설을 가지고 있지 않아 감가상각의 부담이 적고, 생산농가는 다품종 소량생산을 할 수 있어 다양한 상품을 소비자에게 공급할 수 있으며, 판매 전날 생산된 상품을 진열하여 신선한 농산물을 제공할 수 있고, 판매하지 못한 것은 그다음 날 할인판매제도를 이용하여 판매하고, 수수료가 높아 기업이 선호하는 등의 이점 때문에 성공하게 되었다고 자체 판단하고 있다(농진청, 2010).

세계적으로 볼 때 전 농가의 92%가 소농이며 이들의 소득은 수입농산물 때문에 제값을 받을 수 없다. 따라서 직접 생산, 직접 판매함으로써 농가가 판매대금의 80~90%를 가져갈 수 있다는

>>표 3.9. 지역농산물과 수입농산물의 차이

구분	지역농산물	수입농산물
농가 측면	소농이 참여 고령농민 일자리 창출 가능 신선농산물 공급(당일생산 익일판매) 직거래를 통한 소득증대	대농만 참여 시장성이 있는 작목으로 한정 다비, 다농약 재배 중간상인을 통한 판매로 이익 감소
소비자 측면	안전, 안심 농산물 구매 신선, 제철 농산물 구입 저렴한 농산물 접근 가능 생산품목 제한으로 불편	식품안전성에 회의 상품에 따라서는 저렴 다양한 식품재료 구입 가능 가공, 냉장, 냉동 식품이 주류
생태적 측면	다품목 재배를 통한 종다양성 유지 단거리 이동으로 이산화탄소 저감	단작으로 종다양성 상실 원거리 이동으로 이산화탄소 발생량 증가

것이 가장 큰 장점이다. 이에 반하여 수출 혹은 중간도매상에 의존하여 판매할 경우 소비자가 지불한 금액의 19%가 농민의 소득으로 돌아간다는 것은 대부분의 경비가 노동비(38.5%), 포장(8.0%), 에너지·운송(7.5%), 이윤(4.5%), 기타(22.5%)의 분석에서 농가가 실제로 수취하는 부분이 매우 적다는 것을 알 수 있다(패트릭 웨스트 호프, 2011).

소비자 측면에서는 그 지역에서 생산되어 인근에 판매되므로 안전·안심 농작물이며 또한 당일생산, 익일판매되므로 신선한 제철농산물을 구입할 수 있게 된다. 중간상인이나 거래상을 거치지 않기 때문에 소비자는 저렴한 농산물을 구입할 수 있다. 그러나 그 지역에서 생산된 농산물에 한정되기 때문에 구입할 수 있는 품목이 제한된다는 불편함이 있다.

수입농산물은 장기간 이동해야 하므로 저장성 향상을 위해 약품처리, 냉장이나 냉동을 통해 저장기간이 연장되기 때문에 신선하지 않고 식감이 떨어지며 기호성이 낮은 식품이 되는 경우가 많다. 그러나 종류의 다양성, 저렴한 가격 등은 수입농산물의 장점이 될 수 있다.

한편 생태적 측면에서는 철마다 다른 농산물을 제공하기 위해 그 지역에서 다양한 품목을 재배하여 출하할 수 있기 때문에 농업 생태계의 종다양성을 유지할 수 있고, 가까운 시장에서 판매하여 농산물의 이동에 따른 이산화탄소 발생량을 경감할 수 있다. 수입 농산물은 이와는 반대로 대양이나 대륙을 넘어 다른 국가로 이동되기 때문에 원거리 이동이 불가피하다. 이로 인한 화석연료의 소모량이 많아져 지구온난화에 악영향을 끼친다. 또한 재배, 선별, 포장, 이송의 편리성을 위해 같은 경지에서 매년 한 가지 작목만 재배하기 때문에 토양이화학성 악화, 화학비료 위주의 경작으로 인한 기지현상이 발생하여 작토를 박토로 만들 수 있어 지속가능한 농업에 장해가 된다.

국내에서 이러한 지역농산물 애용운동의 가장 유명한 예는 전북 완주군이다. 완주군은 1ha 미만 농지가 72.8%, 65세 이상의 농가가 36.5%였으므로 이러한 운동을 통하여 직매장, 농가 레스토랑, 공공학교급식지원센터, 꾸러미 사업을 통해 3,000여 호를 이 사업에 참여토록 하고 이를 통해 600억 원의 매출을 달성한 바 있다(정은미 외, 2019).

| 2 | 윤리적 소비운동 전개

(1) 윤리적 소비의 의미

인간은 기본적으로 자신의 이익을 위해 살아가는 존재라고 할 수 있다. 그런데 이와 같이 자신의 이익만을 추구하는 이기적인 의사결정이 다른 사람에게 불이익을 주거나 권리를 침해할 경우 사회 전체의 이익에 반하게 된다. 따라서 사회 전체가 지속적으로 유지될 수 있도록 하는 소비윤리가 필요하다. 특정 산업이 인간 및 환경에 불필요한 해를 입히는 경우, 소비자로서 해당 산업을 지원하는 것은 도덕적으로 잘못인가? 윤리적 선택의 종류와 마찬가지로 윤리적 소비에 대한 논쟁 또한 상존한다. 윤리적 소비에 대한 논쟁 두 가지는 첫째 무의미한 반대를 하는 태도로 윤리적 소비는 어떤 차이도 없으며 따라서 도덕성도 요구되지 않는다는 무책임한 반대와, 둘째 요구적 반대로 윤리적 소비가 요구하는 것이 너무 많아 도덕성이 요구되지 않는다는 주장이다.

이 주제는 생산보다는 소비가 더 많은 관심을 받는다. 왜냐하면 모든 사람이 소비자인 반면에 생산자는 일부이기 때문이다. 또 다른 이유는 음식소비가 삶의 핵심이며, 먹는 것은 많은 대중의 전통뿐만 아니라 많은 사적인 관계가 중심이 되는 활동이기 때문이다.

공리주의적 입장에서 보면, 첫째 우리는 도덕적으로 불필요한 해를 끼치지 않도록 해야 하며, 둘째 보다 적게 해를 주는 식품이 존재한다면 유해한 식품을 사용하는 것이 불필요한 해를 야기하는 행동이며, 셋째 그러므로 보다 적은 해가 되는 식품이 있다면 도덕적으로 해가 되는 식품을 섭취하지 말아야 한다는 논리이다 (Schlottmann and Sebo, 2019).

소비에 대한 도덕적 평기기준은 공리주의적 및 의무주의적 입장이 있는데 공리주의적 입장은 사회 전체적인 선과 행복이 극대화되는 것을 시비의 판단기준으로 삼는 데 비하여 의무주의는 결과에 관계없이 행위가 가치나 도덕적 기준에 일치하는가의 여부에 따라 시시비비를 가리는 것이다.

따라서 식품에 대한 소비행위의 옳고 그름은 이러한 두 가지 입장에 근거하고 있으며, 특히 공리주의적 입장이 강하게 반영된 것이라 볼 수 있다. 국제소비자기구의 소비자 행동윤리규정은 이러한 측면이 잘 반영되어 있는데 소비의 사회적·환경적, 사회조직의 연관성을 담고 있기 때문이다. 녹색소비와 유사한 개념이지만 윤리적 소비는 인권이나 동물복지 같은 보다 넓고 포괄적인 개념을 담고 있어서 녹색소비보다는 더 범위가 확장된 개념이라 할 수 있으며, 이는 소비자의 권리와 함께 또한 책임과 의무이기도 하다는 개념이다(천경희 외, 2017)

윤리적 소비의 범위는 공통적으로 환경, 인권, 지속가능성, 동물복지 등이다. 학자에 따라서는 여기에 생물다양성, 환경생태계, 노동인권, 정치, 지역사회 기반 경제체제, 윤리성을 고려한 소비생활 등을 추가하여 그 범위를 넓힌 경우도 있다. 한국의 아이쿱은 윤리적 소비의 기준을 인간과 노동, 식품안전, 농업의 환경으로 정하고, 한겨레연구소는 사회, 환경, 건강으로 분류하기도 했다(김외숙·송인숙, 2015).

이 중에서 식품소비와 관련 있는 분야는 건강과 환경과 지역공동체이다. 건강은 특히 웰빙 시대를 맞이하여 가장 우선시되는 가치로 안전한 먹을거리가 주 관심사이며 이의 반증으로 유기농 식품의 출현이 한 예이다. 기타 여러 가지 인증식품도 대중의 이러한 관심을 반영한 것이라 볼 수 있다. 환경은 최근에 가장 많은 관심을 받는 분야로 특히 자원의 고갈, 생태계의 오염, 이로 인한 지구온난화 등이 가장 큰 이슈로 부각되고 있다. 이러한 자연자원 고갈 및 환경오염 방지, 자원의 보존이 온난화에 영향을 미치는 핵심요소이기 때문에 윤리적 소비의 중심과제가 되고 있다. 지역 농산물은 지역의 소농을 보호하고 식품의 이동거리를 줄이면 화석연료를 절감할 수 있기 때문에 식품의 윤리적 소비의 중요한 핵심 실천사항으로 간주되고 있다. 한편 동물복지도 윤리적 소비의 주요 내용에 포함되는데, 최근에는 공장식 가축사육으로 인한 밀집사육에서 발생하는 문제점 그리고 동물을 이용한 각종 실험이나 인간의 약품을 체취하기 위한 부적절한 행위의 방지 등이 동물복지의 핵심내용이다.

(2) 실천적 윤리 소비

1) 유기농산물 이용

유기농업은 영어로 오가닉 어그리컬처(organic agriculture)라고 하고, 여기서 오가닉(organic)은 유기적이란 뜻으로, 첫째는 동식물과 인간의 유기적 관계를 의미한다. 둘째로는 유기질 비료의 사용을 의미하며 따라서 화학비료를 사용하지 않는 농법이다. 셋째로 유기농업은 생산체계에서 토양과 식물과 가축과 곤충 등등 모든 유기적 요소가 종국에는 생물체로 합일됨을 의미한다. 따라서 단순히 유기비료를 사용하여 농산물을 생산한다는 의미의 농업이 아니라 복합적이고 함축적인 의미가 담긴 용어이다.

유기농업이란 용어를 처음 쓴 사람은 영국의 생명역동농업 운동가였던 농부 노스번이고, 동양에서는 일본인 이치라 태도오가 《황금의 흙(黃金の土)》이란 책을 유기농업으로 바꾸어 출판한 것이 그 효시이다. 그러나 이미 동양에서는 4,000년 동안 유기물과 생태적 방법을 이용하여 제초와 병충해 방제를 하는 유기농법을 시행해 왔다. 1911년 미국 농무성 과장이었던 킹은 《4,000년의 농부》라는 책을 출간했는데 그는 중국, 한국, 일본을 3개월 동안 여행하면서 농가에서 사용하는 비료와 잡초 및 병충해 방제 방법을 면밀히 조사하여 그 결과를 집약한 것이 이 책의 핵심이다. 그는 이 책에서 "동아시아에서는 모든 것이 먹을거리와 연료, 옷감을 생산하는 데 남김없이 쓰인다. 먹을 수 있는 모든 것은 사람과 가축의 입으로 들어간다. 먹을거리라 볼 수 없는 것은 연료로 쓰인다. 사람의 몸이나 연료, 옷감에서 나온 배설물과 쓰레기는 모두 땅으로 되돌아간다. 동아시아인들은 이것들을 잘 보관해 두었다가 짧게는 3개월, 길게는 6개월 동안 작업을 해서 거름으로 쓰기에 아주 좋은 상태로 만든다. 이는 축적된 지식을 바탕으로 사전 준비를 충분히 거쳐 이루어진다. 한 시간 또는 하루의 노동이 조금이라도 생산량을 늘릴 수 있다면 일을 놓지 않고 비가 오나 바

람이 부나 일을 게을리하거나 미루지 않는 것은 적어도 이들에게 는 불가침의 원칙으로 보인다"라고 설파하고 있다(King, 1911).

농약, 시비, 관개를 중심으로 한 관행농업과 비교할 때 유기농업의 이점은 다음과 같이 요약할 수 있다. 즉, 토양보존과 토양비옥도 유지인데 이는 퇴구비 등 유기물 이용, 적절한 윤작체계 등의 도입으로 이러한 목적을 달성할 수 있다. 천연 해충 방지제를 사용하고 지나친 관개의 방지를 통한 지하수, 하천, 호수 등 수자원 오염을 감소시킬 수 있다. 뿐만 아니라 화학농약을 사용하지 않아 야생생물을 보호하는 농업이며 동물복지를 고려한 축산을 하기 때문에 가축의 생활환경을 개선시킨다.

화학비료 사용금지, 무경운을 비롯한 농경방식의 변화로 화석에너지의 사용을 줄일 수 있고 화학농약의 살포금지로 식품에 잔류농약 위험성을 예방할 수 있으며, 축산물에 호르몬과 항생제 사용을 금하여 안전·안심 농산물을 생산할 수 있게 된다. 이러한 경작법은 결국 생산물의 품질을 제고(맛, 저장성)시킬 수 있다.

유기농업의 원칙은 국제유기농업연맹 아이폼(IFOM)에서 제시한 것으로 크게 네 가지이다. 이 단체는 유기농업을 토양과 그를 둘러싼 생태계 및 인간의 건강을 아우르는 농업으로 보고, 외부투입을 최소화하면서 생물다양성과 순환에 토대로 전통과 최신과학을 결합시킨 농업으로 보고 있다. 유기농업은 건강의 원칙(Principle of Health), 생태의 원칙(Principle of Ecology), 공정의 원칙(Principle of Fairness), 배려의 원칙(Principle of Care)하에 운용되어야 하고, 이 원칙에 의해 식료가 생산되고 판매되고 소비되어야 한다고 선언하였다.

합성 화학품의 투입을 중지하여 유기농 생산으로 전환하면 전반적인 생물학적 활동의 정착 및 회복될 때까지 농산물 수량이 감소하며 그후 유기생산으로 이익이 창출될 때까지는 어느 정도의 기간이 필요하다. 유기농업의 생산량은 관행농업에 비해 10~30% 적다고 알려져 있다.

유기농으로 세계를 먹여살릴 수 있다는 보고도 있는데, 선진국에서 유기농의 수량이 관행농의 92%였다는 것이다. 이 생산지수를 근거로 모든 식품을 칼로리로 계산할 때 전체 곡물생산의 20%는 식용으로, 80%는 가축사료로 사용되며, 이를 감안하여 계산하면 관행농업을 통해 전 세계 인구가 하루에 1인당 2,786kcal에 상당하는 식량을 생산하고 있으나, 유기농업으로 생산하면 2,641kcal를 공급할 수 있다는 수치를 제시했다. 이 양은 식품영양학자들이 권장하는 성인 1일 필요량인 2,200~2,500kcal를 상회한다는 것이 그 요지이다(이다치 교이찌로, 2011).

2) 동물성 식품 소비 자제

초지 생태계에서 초지에 도달한 태양 에너지의 약 7%를 목초가 고정하는데, 그중 2%는 식물의 호흡과 대사 에너지로 소모되고, 1%는 뿌리로 이동되며, 나머지 4%는 지상부의 잎·줄기 등 가축의 사료성분으로 쓰인다. 이 목초를 사료로 하여 고기소를 기른다면 공급된 에너지 4% 중 1%는 소의 호흡 및 대사 에너지로 쓰이고, 1%는 분뇨 등으로 배설되며, 1%는 뼈나 가죽이 만들어져 인간의 식품이 될 수 없고, 나머지 1%만 소의 살코기로 전환되어 식품으로 이용될 수 있다고 추정할 수 있다.

그러나 만약 목초 대신에 식량작물인 옥수수를 재배하면 태양에너지의 약 7%가 광합성에 의해 고정되며, 그중 식물의 호흡과 대사를 위하여 2%가 쓰이고, 3%는 뿌리·잎·줄기를 만드는 데 쓰이며, 나머지 2%는 이삭으로 이전되어 전분의 형태로 저장되었다가 인간의 식량으로 이용될 수 있다. 즉, 쇠고기 생산이용보다 곡물을 직접 식품으로 사용하는 것이 태양 에너지 효율을 2배 더 높일 수 있다.

물의 이용에서도 작물재배가 축산물 생산보다 적게 소요된다. 물 발자국을 살펴보면 쌀이 3,400L, 보리와 밀이 1,300L, 대두 1,800L, 감자와 옥수수 900L, 돼지고기 3,900L, 달걀 200L(60g 달걀), 쇠고기 7,000L가 필요하여(최영경·전운성, 2014) 축산식품 중에도 육류생산에 물이 더 많이 소요된다. 가축의 사료섭취량과 축산물생산량의 비율을 사료효율이라고 한다. 육계는 50%, 산란계는 40%, 비육돈은 20%, 쇠고기는 15%로, 이것은 육류 1kg을 생산하는 데 육계는 2kg, 산란계는 2.5kg, 돼지고기는 5kg, 쇠고기는 7kg의 사료가 필요하다는 의미이다.

축산식품 사료효율이 낮음에도 불구하고 사람들이 선호하는 이유는 크게 두 가지이다. 첫째, 육류를 섭취하는 주목적이 영양과 생명에 중대한 역할을 하는 단백질 공급이라면 식물성 식품은 생명을 유지시켜 주는 에너지가 주 영양소이기 때문이다. 즉, 호르몬, 항체, 번식에 필수적인 양분이 동물성 단백질 식품인 반면

곡류는 유지 에너지만 공급하기 때문에 본능적으로 동물성 식품을 선호한다는 것이다. 식육은 인간의 체조직과 성분과 형태가 거의 같으며 단백질, 비타민 B군, 다량 및 미량 광물질의 함량이 높다. 에너지 함량 또한 높아 운동량이 많은 사람, 어린이, 산모에게 필요한 식품이다. 둘째, 동물성 식품이 가지고 있는 맛이다. 고기맛이라고 생각하는 것은 실제로는 아로마이며 이 아로마를 유발하는 물질이 1,000종류가 넘는다. 고기의 식감 또한 인간이 고기 중독에서 벗어날 수 없게 만드는 요인으로 육즙에서 나오는데 인간이 느끼는 오미(五味)를 넘어선 육미(肉味)이며, 이를 육미(六味)라고 한다. 이 맛은 감칠맛이라고 할 수도 있는데 일본어로 아지노모토[味の素]라는 이름으로 판매된 MSG의 맛과 유사한 맛이 고기 속에 함유되어 있기 때문이다(마르타 자라스카, 2018).

기타 식육의 기호성에 관련된 인자로는 즙, 육색, 근내지방도, 연도(軟度) 등이 있으며, 그중에서 가장 중요한 것은 다즙성이다. 다즙성은 씹을 때 느껴지며 고기와 전기적으로 결합되어 있다. 연도 또한 고기맛을 결정하는 중요한 요소로 돼지고기가 쇠고기보다 고기가 연하고, 어린 고기가 늙은 고기보다 고기가 연하고, 암소고기와 육용종의 고기가 더 부드럽다.

육류가 필수불가결한 식품임에도 불구하고 과다섭취를 하면 건강상에 유해하다는 보고도 많다. 성인이 1일 72g 이상 섭취하는 경우에, 특히 쇠고기에 포함된 불포화지방산은 인간의 혈중 콜레스테롤의 함량을 높여 심혈관에 문제를 일으키며, 이 때문에 식품조성표에 트랜스지방 함량을 표기하도록 하고 있다. 우유나 가축의 천연지방은 심혈관에 크게 영향을 주지 않는 것으로 밝혀지고 있으나 많은 양의 육류가 가공식품으로 만들어져 사용되기 때문에 대장암 발생의 원인으로 작용할 수 있다. 여러 연구결과를 종합하면 적육 섭취의 절제, 식물성과 동물성 식품의 균형 잡힌 소비를 통하여 이러한 피해를 막을 수 있으며, 구운 고기의 섭취 역시 건강한 육류 소비의 한 방법으로 권장되고 있다.

최근 수 세기 및 2050년까지의 축산물 생산은 대체적으로 총 농업생산의 형태와 유사하여, 생산은 계속 증가하나 그 증가율은 감소할 것으로 예측하고 있다. 이러한 감소추세는 특히 선진국에서 현저하게 나타날 것으로 예측된다. 1961년에서 2007년 사이 세계 축산 생산은 연간 2.2% 증가하였으며 1987~2007년에는 2.0%, 1997~2007년에는 2.0%, 2017~2030년에는 1.4%, 2030~2050년에는 0.9%일 것으로 예측하고 있다(Russell, 2018).

1961~2007년 육류 소비는 급격한 증가율을 보여 전체적으로 3.5배 증가했으나 돼지고기, 달걀, 닭고기가 3.8배, 4.4배, 9.1배 증가하여 가장 많이 증가한 반면 우유는 1.9배, 양고기와 쇠고기는 2.1배 증가하는 데 그쳤다. 1980~2004년에는 반추동물은 7% 감소하고 단위동물은 42% 증가하여 닭고기와 돼지고기 공급비율이 59%에서 69%로 증가했다. 단위 동물이 급격히 증가했다는 것은 생산된 곡물이 돼지나 닭과 같은 단위 동물 사료로 사용되었음을 의미한다.

이에 따라 영양소 섭취량 변화도 축산식품(육류, 우유, 달걀을 기본으로 함) 및 식물성 지방에서 유래한 칼로리의 비율이 급속히 증가하였다. 이 식품군은 1970년 이후 수십 년 동안 약 13%에서 22%로 증가했으며, 이 비율은 2030년까지 25%를 초과하고 2050년까지 30%에 이를 것으로 예상된다. 한편 개발도상국에서의 사료 수요는 점점 더 증가하고 있으며, 현재 전 세계 사료 수요의 40% 이상을 차지하고 있다(20년 전에는 25%였고 10년 동안 37% 증가함). 이것은 2050년까지 56%로 늘어날 것으로 예상된다.

여러 가지를 종합하면 2050년에는 연평균 약 30억 톤의 곡물과 4억 5500만 톤의 육류가 있어야 증가된 인구의 영양요구를 충당할 수 있다고 보고 있다. 이 양은 개도국에서 생산된 18억 톤의 곡물과 3억 1300만 톤의 육류와 선진국에서 생산된 곡물의 나머지 40%와 육류의 30%가 포함된 수치이다. 이러한 예측은 2005/2007년 수준에 비하여 총 농업생산이 60% 증가한 수치이다. UN의 발표에 따르면 2050년까지 세계 인구는 90억 명이 넘고 이때 세계 식량요구량은 2005년보다 60% 이상 증산되어야 하며 고기의 수요 역시 2005년에 비해 75% 이상의 증산이 필요하다는 보고와 유사하다(강석남 외, 2018).

현재 세계 경작지의 33%가 가축사료 생산에 사용되고 있는 현실을 감안하면 2050년 인구 90억 명이 미국인 수준의 육류 소비를 한다면 육류생산량을 현재보다 4배 이상 늘려야 한다. 이는 현재보다 약 120%의 농경지가 더 개발되어야 사료곡물요구량을 충당할 수 있다는 결론이 나온다(마르타 자라스카, 2018).

축산물 섭취는 가축이 생산한 동물성 단백질이나 지방을 인간이 식품으로 섭취하는 것이기 때문에 작물을 직접 소비하는 것보다 에너지를 70% 이상 증가시킨다. 이는 세계적으로 볼 때 40억 명의 인구를 추가로 부양하는 것과 같다. 만약에 고기 대신에 식물성 단백질을 사용하면 2050년에 요구되는 총생물량을 94%까지 줄일 수 있다고 보고도 있다. 따라서 육류 생산을 위한 생태발자국을 줄이고 토지의 면적을 감소시키며 영양적으로 인간의 건강을 증진시키려면 섭취하는 에너지의 10%만 고기로 섭취하는 방안이 제시되기도 했다(강석남 외, 2018).

한국에서 쇠고기 수입은 2009년은 1970년 대비 346배, 이로 인한 생태발자국은 369배 증가했으며, 만약 2023년 쇠고기 소비를 50% 절감한다면 생태발자국은 40~65%까지 줄일 수 있고 이는 342만~683만 명분의 농작물 소요에 해당할 것이라는 연구결과도 있다(여민주·김용표, 2016).

육류의 소비 절감 및 바이오 연료를 위한 사료곡물의 전용을 막는 것이 세계 사료안보의 핵심이지만 이를 위한 정책적 대안은 그리 많지 않다. 여기서는 마르타 자라스카(2018)가 제한한 방법을 중심으로 논의하기로 한다.

첫 번째 방법은 폐기되는 육류의 감축이다. 구입 후 폐기되는 육류에 대한 정확한 통계는 없으나 버려지는 음식물에서 기인하는 에너지는 세계 전체 에너지의 10% 정도 되는 것으로 알려져 있다. 선진국은 여러 가지 이유로 생산되는 고기의 약 20%가 버려진다고 한다. 폐기되는 고기를 적절히 이용하자는 것이다.

육류 소비를 억제하는 두 번째 방법으로 제시되는 것은 육류세 도입이다. 독일에서는 육류의 부가가치세가 7%인데 이를 19%로 상향시킨다는 안건이 의회에 계류 중이다. 그러나 관련 산업과 여기에 종사하는 사람들의 생존권과 관련된 일이므로 국민의 동의를 얻어야 한다. 한 보고에 따르면 전 세계 축산업 종사자는 13억 명이며 한국의 단미사료협회에 가입된 회원사만 258개이다. 기타 관련업계에 종사하는 인원 및 현업을 하는 양축농가수를 고려하면 상당한 인원이 축산 분야에 종사하고 있다. 얼마 전 비만의 한 원인을 음식 관련 방송으로 보고 이를 제한하자는 논의가 있었으나 크게 주목받지 못했다. 육류세보다는 훨씬 용이한 문제임에도 실천이 어려운 것은 섭식이 문화와 관련이 있기 때문이다. 예를 들어 쇠고기나 돼지고기의 무한리필 식당을 규제하는 법안이 제시되었을 때의 저항은 예상보다 더 강할 것으로 생각된다.

세 번째 방법은 육류 소비 줄이기 캠페인이다. 이를 위해서는 왜 육류가 세계 식량안보에 얼마나 위협적인지에 대한 정보를 공유해야 한다. 외국에서는 매주 월요일을 고기 없는 요일로 제정하여 시행하고 있으며 이에 참여하는 국가가 29개국에 이른다. 이해 집단 간의 의견 차이를 어떻게 조정하고 설득시킬 수 있는가가 관건이다.

3) 기타 윤리적 식단의 선택

우리가 선택할 수 있는 윤리적인 식품 섭취는 여러 가지가 있는데 그중 지금까지 알려진 것을 소개하면 다음과 같다(Schlottmann and Sebo, 2019).

첫째는 양심적인 잡식주의(conscientious omnivorism)로 생산방법이 윤리적 기준을 충족하는 경우에만 동물성 제품을 섭취하는데 자유방목으로 사육한 고기는 먹지만 공장식 사육 고기는 먹지 않는다. 둘째는 육식소식주의(reducetarianism)로 완전한 동물성 식품의 절대 거부 대신 동물성 식품의 소비를 줄이는 것을 목표로 삼고 있다. 예를 들어 1일 1회 섭취, 유제품 또는 달걀만 먹기 또는 매주 혹은 매달 한 번 먹는 것을 목표로 하는 등의 선택이 가능하다. 셋째는 보충채식주의(pescetarianism)로 이 부류의 사람들은 수산물(민물)은 섭취하지만, 육상동물은 섭취하지 않는다. 그 이유는 닭, 소, 돼지와 같은 육상동물은 고통을 느끼는 반면 연어, 게, 새우는 그렇지 않기 때문이다. 생선 보충채식주의자는 자연산 어류는 농장동물보다 더 나은 조건에서 살고 있다고 믿고 있다. 넷째는 채식주의(vegetarianism)로 동물성 식품 중 유제품과 달걀은 섭취하지만 기타 동물성 식품은 섭취하지 않는다. 그 이유는 달걀과 유제품은 가축에 직접적인 해(도축)를 끼치지 않는 반면에 육식은 달걀이나 유제품을 섭취하는 것보다 동물에게 더 많은 해를 끼친다고 생각하기 때문이다. 달걀 및 우유의 공장식 생산은 관련 동물에 대한 불필요한 고통 및 죽음을 야기하기 때문에 논란의 여지가 있다. 다섯째는 완전채식주의(veganism)로 동물성 제품 및 그 부산물을 전혀 섭취하지 않는다. 여섯째는 과식주의(fruitarianism)로 이들은 식량을 얻기 위해 어떤 유기체도 해치거나 죽이지 않는다. 예를 들어, 나무에서 열매를 따거나 뿌리채소를 땅에서 뽑지 않는다. 왜냐하면 이러한 행동은 살아 있는 유기체를 해롭게 하거나 고사시킬 수 있기 때문이다. 일부 과식주의자들은 모든 생물체는 지각이 있다고 생각할 뿐 아니라 모든 생명체는 지각의 유무에 관계없이 중요하다고 믿는다. 일곱째는 프리거니즘(freeganism)으로 사회경제적으로 유해한 식료체계를 인정하지 않고 이러한 체제를 벗어난 것만 섭취한다. 따라서 육류, 낙농제품, 달걀 등을 구입하지 않는다. 구매하지 않고 구할 수 있는 음식물 쓰레기나 로드킬 동물 등을 음식물로 이용한다.

3.5. 맺음말

3.5.1. 소농의 중요성

지금까지의 생산혁명은 기계화, 다비, 관개가 가능한 농지정리가 된 농지에서 이루어졌다. 특히 제2의 녹색혁명의 기술이 적용된 지역은 미국, 브라질, 중국 등 경지가 넓은 지역이었다. 그러나 세계적으로 기계화가 불가능한 수많은 농지가 산재해 있고 이곳은 증산의 가능성이 있는 곳으로 앞으로 식량증산 및 토양보존의 기지로 이용되어야 할 곳이다.

통계에 따르면 소규모 농장은 전 세계에 5억 7000만 개가 있으며 그중 75%가 2ha 미만이다. 소규모 경지를 5ha 미만의 규모에 포함시키면 전체 세계 농지의 95%를 차지한다. 지속가능하고 집중의 효과가 분명한 토지이다. 이런 규모의 농장의 74%가 아시아에 산재해 있다. 그중 35%는 인도, 24%는 중국에, 9%는 사하라 이남의 아프리카에, 7%는 중부 유럽과 중앙아시아에, 3%는 라틴아메리카와 카리브 지역에, 3%는 중동과 북아프리카에 있으나 산업화된 선진국에는 겨우 4%만 산재할 뿐이다.

개발도상국에는 약 5억 가구의 소농이 있으며, 약 20억 명이 생계영농을 하며 아시아와 사하라 이남 아프리카에서 소비되는 식량의 약 80%는 이러한 소규모 경지에서 생산되고 있다. 세계 농업 센서스에 따르면 사하라 이남 아프리카의 소농수는 지난 수십 년 동안 절대 농가수가 계속하여 증가한 반면 OECD 국가는 대부분 소농수가 감소하고 있다.

소농경영은 저소득국가 그룹에만 한정된 것이 아니다. EU 및 OECD 국가에도 브라질, 인도, 중국 등의 중소득국가였던 개도국에서도 소농의 역할이 크다. 소농이 직면한 문제는 모든 국가에서 동일하지 않으며 소규모 농업이 거의 모든 국가의 (상대적) 빈곤 문제와 식량보장 및 식량주권에 기여하고 경제성장 및 광범위한 농촌개발 문제와 연결되어 있다. 그렇기 때문에 모든 국가에서 소규모 농업에 대한 투자가 필요하다. 아프리카는 외국 투자자에 대한 관심이 상당히 크고, 그런 만큼 각별히 주의해야 한다. 아프리카에 농업경영의 약 80%는 2ha 이하이다(Pretty and Bharucha, 2018).

중국 농촌에는 소농이 2억 가구 가까이 되며 다른 연구는 2억 5000만 가구에 이른다고 한다. 농장의 규모는 평균 0.6ha 미만이며, 시간이 지남에 따라 소농수가 감소하고 있다. 미국의 농장 규모는 경제지표인 조생산액으로 정의되고 있다. 2007년 농업 센서스에 따르면 미국의 소농(총 판매금액 25만 달러 미만)의 수가 199만 5,133명에 달해 총 경영체 수의 91%에 해당한다. 일본에서는 통계상의 범주에 소농은 존재하지 않지만, 연구자 및 정부 당국에서는 일반적으로 경영규모와 겸업 농업을 기준으로 하고 있다. 2010년 농업 센서스에 따르면 작은 농토와 다른 직업을 가진 겸업 농가가 약 120만 가구로 농가 전체의 72.3%에 달하며, 그중 90만여 호(전체의 55.2%)가 1ha 미만으로 130만 호(80·6%)가 2ha 미만이다. 우리나라는 245만 명의 농가인구가 호당 1.56ha의 농경지를 소유한다. 유럽연합(EU)에서는 2010년 EU 27개국의 약 1200만 농가의 경영을 조사했는데 전체의 49%가 2ha 미만이고, 5ha 이하의 농가는 67%였다. 한편 세계 81개국의 조사통계에 따르면 100ha 이상이 0.4%, 20~100ha 1.2%, 10~20ha 1.4%, 2~10ha 2.8%, 2~5ha 9.4%, 1~2ha 12.2%, 1ha 미만이 72.6% 였다(Swaminathan etc., 2014).

이와 같은 상황을 감안하면 소농의 집약화를 통한 식량증산이 또 다른 대안임을 알 수 있다. 소농은 대부분 경제적으로 기계화, 고투입 등이 여의치 않아 제1의 녹색혁명에서 사용했던 방법을 그대로 적용할 수 없다. 따라서 소농의 집약화는 환경과 보건, 경제적 수익성, 사회적·경제적 공평성의 세 가지를 주요 목표로 삼고, 동시에 환경에 악영향을 주지 않고 농토를 확대하지 않으며 수확량을 늘리는 개념의 혁신적인 기술 및 내구성 기반의 지식개입을 포함한 보다 효율적인 농업 투입물(종자, 비료, 물 및 살충제)을 사용하여 동일한 토지에서 보다 많은 농산물을 생산할 것을 목표로 해야 한다. 반면, 탄력성 및 사회적 및 자연적 자본을 보호하고 환경피해를 줄이며 환경 서비스의 흐름을 개선하는 농업이 되어야 한다. 이는 소농 사정에 더 잘 맞고 환경영향을 줄이는 정밀 농업과 같은 기술의 적용을 통하여 달성할 수 있다.

소농이 할 수 있는 주요 농작물인 쌀, 옥수수, 밀, 감자, 대두, 사탕수수, 수수 및 채소에 초점을 맞추고 다양한 기후 복원력이 있는 수확 시스템을 적용하는 것이다. 그리고 작물과 축산을 통합하여 양분의 순환을 도모해야 한다. 또한 지속가능한 물 관리가 필요하다. 이를 위해서 기술을 개발하고 이 정보를 농가에 전달할 수 있는 체계가 필요하다. 이를 위해 포괄적이면서 동시에 정책집약적인 지속가능한 농업의 구현 가능성을 찾고, 저비용이면서 위험이 적으며, 주요 식량작물의 생산성을 높이고, 환경에 미치는 영향을 최소화하는 데 기여할 수 있는 통합적 접근법이 필요하다.

이를 위해 적용할 수 있는 기술로는 우리가 이미 제1의 녹색혁명에서 사용했던 신품종, 비료사용 및 관개법 이용을 적용해야 하나 쌀과 밀과 같은 중요한 작물의 수확량은 수량정체(yield plateauing) 현상을 보이고 있는 점에 주목해야 한다. 이러한 문제점을 해결하려면 작물수확 후 부산물, 피복작물의 도입, 퇴구비 사용, 휴경 등의 방법을 적용해야 제1의 녹색혁명에서의 화학비료 위주의 약점을 커버할 수 있다.

기타 종합적 병충해 방제방법, 물관리, 토양의 양분을 적절히 이용하기 위한 윤작 및 통합 작부체계를 통하면 단작의 문제점을 극복할 수 있을 것이다. 그리하여 볏과와 콩과의 적절한 윤작, 특히 고대부터 아시아 농가에서 이용했던 대두와 같은 콩과식물을 돌려짓기하여 단작의 약점을 보완해야 한다. 이러한 작부방식을 통해 토양침식을 방지하고 잡초를 없애고 토질을 향상시킬 수 있는 기반을 만들어야 한다.

인도의 여러 지역에서는 이러한 방법으로 수수의 수량을 1.25~2.5톤에서 4.5~5.0톤으로 증가시켰다. 밀의 경우에도 2.0톤에서 4.6톤으로 증산하여 소득이 86% 향상되었다. 기타 네팔의 고지대 및 저지대에서 획기적인 수량 증가 그리고 아프가니스탄, 네팔, 말리 등에서도 비슷한 결과를 보였다(Pretty and Bharucha, 2018).

관행에 익숙한 노령의 농가에 새로운 농업을 도입하고 전수하는 것은 대단히 어려운 일이다. 이를 위한 효과적인 농촌지도, 시장개발 및 정책적 지원은 매우 중요하다. 특히 기술개발보다 정책적 지원이 더 효과적이다. 적절한 정책과 인센티브를 통해 농가가 새로운 기술을 받아들일 수 있도록 하는 것이 무엇보다도 중요하다.

3.5.2. 남겨진 과제들

인구가 증가하고 부가 축적됨에 따른 식단변화에 대응하기 위한 세계 식량생산체계의 생산성을 확대하려는 시도가 성공했음에도 불구하고, 기아와 영양실조 문제는 아직도 풀어야 할 숙제이다. 현재의 세계 식량 및 영양 문제의 또 다른 난제는 동일한 나라와 심지어 같은 도시에서 영양부족과 과식, 기아 및 비만이 병행하여 발생한다는 사실이다. 또한 상당량의 음식이 소비되는 과정에서 낭비되고 있다. 적절한 생산, 동시에 기아 발생 및 비만의 방지 그리고 끊임없이 증가하는 음식물 쓰레기는 인류가 직면한 딜레마로 우리가 풀어야 할 숙제이다. 예를 들어 전 세계적으로 생산된 식품 중 30~50%는 폐기되고 있으며, 폐기되는 식품을 생산하기 위해 담수자원의 25%를 사용하고 있다. 또한 폐기 시 다량으로 발생되는 메탄은 지구온난화를 가속화시키고 있다.

세계의 기아인구는 최근 수십 년 동안 꾸준히 줄어들어 국제적으로 합의된 기아인구 감소를 줄일 수 있었다. 1996년 세계식량정상회의(WFP)는 모든 국가의 기아근절을 위해 2015년까지 영양실조 인구를 1996년 수준의 절반으로 줄이겠다고 합의한 바 있다. 새천년개발목표(Millennium Development Goals)는 2016년 1월부터 시작된 지속가능한 발전이었다.

기아퇴치의 문제는 여전히 인류의 숙제 중 하나이다. 30여 년 전 10억 명에 비해 줄어들긴 했지만 여전히 7억여 명의 인구가 기아에 시달리고 있으며, 식량을 구매하는 데 저소득 국가에서는 가계소득의 50% 이상을, 중저소득 국가에서는 40% 이상 쓰고 있다.

세계적으로 보면 식량이 남아도는 데 가난한 이들에게는 그림의 떡인 상황이다. 이러한 문제를 해결하려면 소득증진을 위한 노력이 병해되어야 하며 동시에 에너지는 충분하나 영양소는 부족한 이른바 숨겨진 빈곤에 관심을 가져야 한다.

세계 식량안보는 식량 가용성의 문제이며, 이는 제1 및 제2의 녹색혁명을 통하여 생산성 증대, 자원의 이용효율 개선이 중요하다는 것이 증명되었고 현재 곡물의 상당량이 생물연료(biofuels)로 전환되어 식량의 가용성에 심각한 우려를 낳고 있다. 미국에서 생산되는 곡류의 3분의 1이 자동차 연료로 사용되고 있으며 이것이 곡물가격 상승의 원인이 되고 있다. 이것은 약 4억 명이 먹을 수 있는 양이며 장래 바이오 연료 수요를 만족시키려면 6억 명의 인구가 빈곤에 시달릴 것이라는 보고도 있다(최영경·전운성, 2014).

바이오 연료 생산 확장으로 인해 식량생산이 한계 지역으로 이동하여 수확량이 낮아질 수 있으며 경쟁적인 자원투입으로 인해 식량 공급이 제약을 받을 수 있다는 것이다. 결국 공급원료에 대한 바이오 연료 수요 증가는 농산물가격을 상승시키며 세계 식량안보에 커다란 영향을 줄 수 있다는 우려가 제기되고 있다. 그렇기 때문에 세계농업기구는 바이오 연료의 생산과 소비에 대한 보조금 정책을 철폐해야 식량이 자동차 연료로 전용되는 것을 막을 수 있다고 주장한다.

현재의 농산물은 국제적으로 활발하게 거래되며, 이를 통해 세계인들의 소득을 증가시키고 경제성장의 견인차 역할을 해온 것이 사실이나, 한편으로는 이기는 자와 지는 자가 생기게 되었다. 이전에 보호를 받던 농민들은 농산물가격이 낮아지고 경쟁력을 잃게 되어 도시 빈민으로 전락하는 경우가 생겼다. 오늘날 사하라 사막 이남 아프리카에서는 주민의 약 60%가 농촌에 살고 있는 농부 또는 목축업자이며 세 명 중 한 명은 만성적으로 영양부족에 시달리고 있으며, 남아시아에서는 약 4억 명의 농민이 하루에 1달러 미만의 수입을 올리며 약 5%는 영양실조이다.

제3세계에 대한 인도주의적 원조 및 공공비축이 필요하나, 현재의 신자유주의 체제에서는 세계가 하나로 연결되어 있어 다국적 농식품회사들이 막강한 힘을 발휘하고 있다. 이들은 식품의 생산, 가공에 이르기까지 모든 영역의 산업을 지배하며 국경의 무력화를 시도하고 있다. 메이저 다국적 회사는 세계 식량재고의 60%를 관리하고 전 세계 곡물무역의 약 80%를 담당하고 있다고 알려져 있다. 그렇기 때문에 이들은 사실상 식량가격의 상승을 주도하고 있다.

세계무역기구가 농업무역 제한을 고려하고, 식량원조 요구사항이 유엔 세계식량계획을 통해 식량 및 농업 정책으로 다루어지고 있으나 식량 분야의 국제 지배력은 여전히 취약하다. OECD 국가 농민들은 농산물 생산에 필요한 경비의 50% 이상을 정부에서 보조받고 있었는데 농업 보조금 정책에 지금까지 별다른 영향을 미치지 못해 미국이나 유럽연합의 다른 어느 국가에 대해서도 이미 지급되고 있는 보조금 삭감을 수행하지 못했다는 것이다. 이것이 빈국과 부국농민의 생활수준의 괴리로 이어지고 있다. 국제통화기금(IMF)과 세계은행(IBRD)이 그 역할을 담당하고 있으나 제한적이다. 세계농업식량기구(FAO)는 전 세계의 식량 및 농업에 관한 정보를 수집하고 배포하는 데 많은 힘을 기울이고 있으나 국제 식량 및 농업 기관의 정치적 영향력은 여전히 미약하다.

따라서 식량안보에 관한 국민들의 경각심을 높이고 빈곤층의 소득증진과 식량 접근성을 향상시켜야 한다. 도시 편향의 정책에서 벗어나 도시인의 소득수준에 견줄 만한 소득창출을 위한 제도적 장치 및 보조 프로그램의 개발이 필요하다. 특히 소농 및 노령 농가를 위한 정책을 세워야 하며 동시에 국가적 식량안보를 위한 특단의 중장기 대책을 세워야 한다.

강석남 · 김일석 · 남기창 · 민병록 · 이무하 · 임동균 · 장애라 · 조철훈.
　　2018.《식육과학 4.0》. 유한문화사.

강창용. 2017.《한국비료. 농약. 농기계 정책과 미래》. 농촌경제연구원.

권원달. 1973.〈세계의 미곡경제와 녹색혁명〉.《고대논문집》7. pp.
　　273~302.

김외숙 · 송인숙. 2015.《소비자와 소비생활》. KNOU PRESS.

金寅煥. 1978.〈벼 新品種의 開發과 普及〉.《韓國의 綠色革命》. 農村振
　　興廳.

김태곤. 2011.《푸드 마일지지와 저탄소사회 구현》. 한얼한맛.

남도현. 2017.《독가스를 개발한 독일 화학자 프리츠 하버》. Economy
　　Chosun.

농업진흥공사. 1974.《농지기반 사업》. 농업진흥공사.

농진청. 1985.《농약해설》. 농진청 농약연구소.

농진청. 2010.《지역농업의 길이 보인다: 일본 · 미국 · 유럽의 로컬푸드
　　사례》. 농진청.

농촌경제연구원. 1999.《한국농정 50년사》. 농림부.

농촌경제연구원. 2003.《한국 농업. 농촌 100년사》. 농촌경제연구원.

도네랄 H. 메도즈 · 데니스 L. 메도즈 · 요르겐 랜더스. 김병순 역. 2011.
　　《성장의 한계》. 갈라파고스.

레스터 브라운. 金寅煥 역. 1973.《綠色革命: 1970年代의 展望》. 農村
　　振興廳.

Lester R. Brown. 김성문 역. 1997.《인구. 식량. 환경》. 따님.

마르타 자라스카. 2018.《고기를 끊지 못하는 사람들》. 메디치미디어.

발렌틴 투른 · 슈테판 크로이츠베르거. 이미옥 역. 2017.《무엇을 먹고

어떻게 분배할 것인가》. 에코리브르.

베른하르트 퍼터. 이희승 역. 2010.《세상을 바꾸는 뉴파워, 녹색소비》. 예지.

배순영. 2012.《녹색소비와 푸드 마일리지》. 농진청 로컬푸드 전문가 교육교재. 농진청.

성명환·강경수. 2018.〈세계곡물시장 동향〉.《해외곡물시장 동향》 7(10). 농경련.

식량과학원. 2012.《식량과학 50년사》. 농촌진흥청 식량과학원.

여민주·김용표. 2016.〈우리나라 쇠고기 소비에 의한 생태발자국 추이와 예측〉.《환경영향평가》 24(4). pp. 280~295.

OECD·FAO. 2011.〈세계식량안보: 식량과 농업시스템에 대한 도전 과제〉. OECD·FAO.

Water P. Falcon. 1972.〈녹색혁명-그 추진과정에서 야기되는 단계적인 문제〉.《농협조사월보》 196. pp. 16~24.

워튼 클리프턴. 1972.〈녹색혁명. 그 추진과정에 있어서의 문제점과 전망〉.《농협조사월보》 175. pp. 16~21.

이다치 교이찌로. 정만철 역. 2011.《유기농업으로 세계를 먹여살린다》. 다리.

이유진. 2013.《무역과 환경》. 녹색평론.

이효원. 2010.《생태유기농업》. 한국방송통신대학교출판부.

임연희. 2019.〈녹색소비간련 주요이슈 및 녹색소비생활정착안내 모색〉. 성신여자대학교 대학원 박사학위 논문.

정은미·황윤재·최재현. 2019.〈푸드 플랜, 먹거지 정책의 전환과 과제〉.《농업전망 2019》. 한국농촌경제연구원.

정학균·임영아·성재훈·이현정. 2018.《신기후체제에 따른 농축산식품부문 영향과 대응전략》(2/2차년도). 한국농촌경제연구원.

제러미 리프킨. 이영호 역. 2003.《노동의 종말》. 민음사.

조완영. 2012.《생산자-소비자가 함께하는 로컬푸드》. 로컬푸드 전문
　　가 농촌진흥청공무원 교육교재. 농진청.

천경희·홍연금 등. 2017.《행복한 소비 윤리적 소비》. 시그마프레스.

최영경·전운성. 2014.《목마른 지구촌-물, 식량 그리고…》. 탐구당.

Tom Stange. 박중서 역. 2012.《식량의 세계사》. 웅진씽크빅.

파이퍼 데일 앨런. 김철규·윤병선 역. 2004.《석유식량의 종언》. 고려
　　대학교 출판문화원.

패트릭 웨스트 호프. 김화년 역. 2011.《식량경제학》. 지식의 날개.

피터 오스터비르·데이비드 A. 소넨펠드. 김철규 외 역. 2015.《먹거
　　리, 지구화 그리고 지속가능성》. 따비.

허문희. 1999.《한국농정 50년사, 통일벼 개발》. 농촌경제연구원.

加騰三郎. 1996.《環境と文明の明日》. プレヅデン社.

国連世界食料保障委員会専門家. 關根佳惠 等 譯. 2014. 人口·食料·
　　資源·環境·家族農業が世界の未來のお拓く. 農山漁村文化協会.

吉村泰辛. 2013. 〈遺伝子組換え作物と生物多樣性〉. そして私の生活.
　　《雜草研究》Vol 58(2). pp. 90～96.

大原興太郎. 2008.《有機的循環技術と持續的農業》. コモンズ.

デビット·ホルムゲレン·リック·タナカ 譯. 2010. 〈未來のシナリ-オ-
　　ビ-クオイル〉.《溫暖化の時代とパマカチャ》. 農山漁村文化協会.

渡部忠世·海田能宏. 2003. 環境人口問題と食料生産·農山漁村文化協会.

山本達也. 2017. 〈暮らしと世界のリデザイン〉.《成長限界とその先の
　　未來》. 花藝社.

生源寺眞·藤田行一·秋田重誠·松本聰·谷內透·若林久嗣·清水誠·上
　　野川修, 2011.《人口と食糧》. 朝倉書店.

笹崎龍雄. 1997.《農藥革命. 農業再生が日本を求める》. シグネス社.

小島正美. 2015.《遺伝子組換の作物》. エネルギ フォルム.

岩渕孝. 2010.《有限な地球》. 新日本出版社.

鵜飼保雄・大澤 良. 2010.《品種改良の 世界史》. 悠書館.

川島博之. 2008.《世界の食料生産とバイオマスエネルギ》. 東京大出版会.

Bayliss-Smith, Tim P. and Sudhir Wanmali. 1984. *Understanding Green Revolution*. Cambridge University Press.

Bruinsma, Jelle. 2003. World agriculture:toward 2015/2030 AN FAO PERSPECTIVE. FAO.

Delgado, C. L. 2003. *Rising demand for meat and milk in developing countries:implications for grassland-based livestock production*. Grassland:a global resource. Wageingen Academic.

FAO. 2017. *The future of food and agriculture: Trends and Challenges*. FAO.

Gliessman, Stephen R. 2000. *Agroecology*. Lewis Publishers.

Griappa, S. 1983. *Water Use Effficiency in Agriculture*. Oxford.

Johnson, Renee. 2018. *Greenhouse Gas Emissions and Sinks in U.S. Agriculture*. Congressional Research Service.

King, F. N. 1911. *Farmers of Forty Centuries*. Dover publications.

National Academies of Science. 2016. *Genetically engineered crops: Experiences and prospects*. National Academies Press.

Pretty, Jules and Zareen Pervez Bharucha. 2018. *Sustainable Intensification of Agriculture*. Abindon.

Russell, Noel. 2018. *Economics of Feeding the Hungry*. Routledge.

Schlottmann, Christopher and Jeff Sebo. 2019. *Food, Animal, and the Environment: An Ethical Approach*. Earthscan.

Shiva, Vandana. 2016. *The violence of the green revolution*. The University Press of Kentucky.

ㄱ

가시광선　16

가임률　187

가축화된 동물　25

감소요인　147

개혁(reform)　20

게놈　92, 99

결정요인　146

고갈성 자원　184

고대 농업혁명　28

곡물 소요량　192

공리주의　212

공장식 가축사육　213

과식주의　223

광합성　217

교잡육종　53

국제미작연구소(International Rice
　　Research Institute, IRRI)
　　39, 53, 54

국제 옥수수·밀개량 센터　43,
　　64, 65

근두암종병　112, 114

기계착유　33

기아퇴치　229

기적의 밀　137

기지현상　210

ㄴ

낙원　17

노동생산성　32

노포크식　29

노포크식 작부체계　23

녹병(rusk)　38

녹색　16

녹색기술　142

녹색소비　201

녹색식물　17

녹색의 상징　19

녹색친화력(green amenity)　16

녹색혁명　36, 37, 42

녹색혁명 농업　167

녹색혁명 작물　172

농공병진정책　73

농업혁명　21

ㄷ

다국적 기업　162

단간형 밀　31

단간형 품종　174

단교잡종　47

단백질　95

단위동물　219

단위수량　191

단작(單作, monoculture)　165

대상재배　207

동물복지　212, 213

―――― ㄹ

라운드업　144

―――― ㅁ

마치종(馬齒種)　44

만생장간종(晚生長稈種)　52

멘델　84

멘델의 법칙의 재발견　108

―――― ㅂ

반왜성단간품종　42

반왜성품종　50, 51

반추동물　219

백색혁명　43

베타 카로틴　130

벡터　112, 120

변경 유전자　98

보충채식주의　223

복교잡법　45

분자육종　102

불염성(不稔性)　52

불포화지방산　218

―――― ㅅ

사료효율　217

4차 농업혁명　34

상업농　29

생물연료(biofuels)　230

생태발자국　185, 221

선도적 투입재　180

선발육종　41

선발표지 형질 유전자(marker)
　　121

성장의 한계　158

세계곡물 소요량　190

세계 3대 작물　43

소농　225, 226

수리안전답　181

순계　52

슈퍼 잡초　145

스마트팜　157

스플라이싱(splicing)　98

식물 게놈　118

식품의 이동거리　207

식품혁명　195

신석기 농업혁명　26

신육종기술　122

신자유주의　231

실용특허　164

ㅇ

아로마 218

양심적인 잡식주의 222

에그리비즈니스 35

에너지 보존법칙 196

에르빈 슈뢰딩거 109

에탄올 생산 198

엑손(exon) 93

엥겔지수 72

연결효소 111

열역학 법칙 185

염기서열 90

염기쌍 90

염색체 86, 87

오곡 43

온실가스 발생 199

완전채식주의 223

왜성유전자 58

웅성불임(雄性不稔) 45

유기농업 214

유기농업의 원칙 215

유전공학 103

유전법칙의 재발견 41

유전의 유전자설 86

유전자 81, 93

유전자 변형 기술 115

유전자 변형 농산물 34

유전자 변형 생물체 102

유전자 변형의 기능적 문제점
　　　136

유전자 변형 작물 83, 102

유전자 변형 작물의 장점 128

유전자 재조합 111

유전자혁명 33

유전정보 발현 97

유전체 99

육류세 221

육미(六味) 218

육미(肉味) 218

육식소식주의 223

윤리적 소비 211

윤환농법 23

윤환농업 28

이산화탄소 141, 142

이중나선(二重螺線) 89

인구–국가 안전이론(PNST) 37

인구론 158

인클로저 23

인트론(intron) 93

인헨서(enhancer) 96

1대 잡종 44

ㅈ

자식계통(自殖系統) 45

자식성 작물 52

장간종 41

재생가능 자원 184

적색공포 37

적색혁명 36

전사 97

전성설(前成說)　84

전통농업　167

전통(유기)농업 생태계　169

정원론(精原論)　83

제2의 녹색혁명　81

제1의 녹색혁명　41, 56

제초제 저항성 대두　134

종결 코드　96

종다양성　206, 207

종의 기원　40

주동 유전자　98

중세 농업혁명　28

지속적 농업　148

지역사회공유농업　208

진핵생물　98

―― ㅊ

창세기　15

채식주의　223

축산식품　219

침묵의 봄　26, 145

―― ㅋ

캘러스　118

코돈　95

클로닝(cloning)　120

―― ㅌ

태양 에너지 효율　217

터미네이터　119

통일계통　177

통일벼　58

―― ㅍ

포코(poco)　204

푸드 마일(food miles)　203

프로모터　96, 119

프리거니즘　224

플라스미드 DNA　111

플레이버 세이버　113

피난처　138

―― ㅎ

항생제 마커　131

혁명(revolution)　20

화석연료　170

효소　94

휴한　207

―― 기타

Bt 옥수수　103, 138

Bt 작물 품종　179

CRISPR/Cas9　123

DNA　82

GMO　102, 137

GM 옥수수　143

ICT　155

IR8　55, 56, 57, 66

local food　208

SDN 기술　122